Thomas Riegler

Modellbahn-Anlagen

detailliert planen & gestalten

Thomas Riegler

Modellbahn Anlagen

detailliert planen & gestalten

Inklusive Vollversion auf CD-ROM

3D Eisenbahnplaner – neuste Version 10.0

Mit 160 Abbildungen

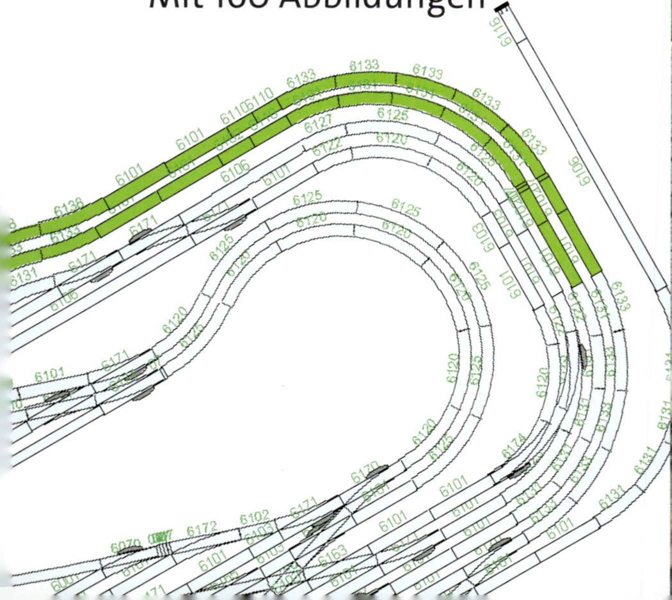

Satz: DTP-Satz A. Kugge, München
art & design: www.ideehoch2.de
Druck: Himmer AG, Augsburg
Printed in Germany

Vorwort

Nur wenige Menschen können sich der Faszination einer Modelleisenbahn entziehen. Zu den schönsten Erlebnissen vieler Hobbyeisenbahner zählt der Aufbau der eigenen Anlage. Aber auch eine bereits aufgebaute Modellbahn möchten viele fortlaufend verbessern. Sie verlegen Schienen, bauen Häuschen und möchten alle Züge und Loks möglichst abwechslungsreich fahren lassen und bequem steuern. All das erfordert nicht nur etwas Geschick, sondern auch Fachwissen und eine gute Planung. So vermeiden Sie Fehler, unnötige Arbeit und unnötige Geldausgaben. In diesem Buch erfahren Sie alles, um eine Eisenbahnanlage fachgerecht zu planen und aufzubauen – egal in welcher Spurweite. Sie lernen, den zur Verfügung stehenden Platz optimal zu nutzen und verschiedene Gleise und Weichen für unterschiedlichste Zwecke passgenau einzusetzen. Das Buch informiert, wie Sie das Schienennetz leicht, genau und arbeitssparend am PC entwerfen. Sie erfahren, wie Sie Landschaften und Bahnbetriebsbereiche aufwerten, um so der Modellbahn den letzten Pfiff zu geben. Als wertvoller Ratgeber und Ideenspender informiert dieses Nachschlagewerk außerdem detailliert über 45 Gleispläne, nach denen Sie eine Modelleisenbahn aufbauen können. Die Pläne reichen von ganz kleinen Modellbahnen bis hin zu sehr großen Anlagen mit mehreren, auf verschiedenen Ebenen gleichzeitig fahrenden Zügen, reizvollen Landschaften und ausgeklügelten Rangiersystemen. Jeder Gleisplan listet die verlegte Gleislänge, technische Daten, die Abmessungen der Eisenbahnplatte und informiert in einer Stückliste über das erforderliche Gleismaterial. Anhand Gleisplan-Grafiken können Sie studieren, wie Sie die Züge fahren lassen können und welche Rangiermöglichkeiten bestehen. Nahezu für jeden Geschmack ist eine passende Lösung dabei, die Sie trotzdem beliebig verändern und so auf die eigenen Wünsche optimal anpassen können – bis hin zu ganz neuen Gleisplänen, die Sie mit diesem Buch professionell planen und realisieren können.

Viel Spaß!
Ihr
Thomas Riegler

Inhaltsverzeichnis

KIRUNA

1 Schienennetz leicht und genau am PC entwerfen

Das Schienennetz kann man einfach und schnell mit dem PC entwerfen. Handskizzen dienen heute meist nur noch dazu, einen Einfall mal schnell aufzuschreiben, die anschließende Planung mit dem PC ist sehr viel genauer. Mit der Hand können sich leicht Fehler bei den Kurvenradien einschleichen, die man meist zu eng einzeichnet. Abhilfe schaffen zwar Schablonen, die verschiedene Radien für Kurven, Weichen und Geraden enthalten. Trotzdem ist die manuelle Art der Gleisplanung sehr zeitaufwendig und umständlich. Weitaus einfacher, schneller, komfortabler und auch umfangreicher geht man mit geeigneter PC-Software ans Werk. Dazu zählen „3D-Eisenbahnplaner“, „WinTrack“ und „WinRail“.

1.1 Welche Werkzeuge sollte eine Planungssoftware haben?

Damit Sie das Schienennetz möglichst problemlos und zeitsparend entwerfen können, lohnt sich ein Blick auf die Features der angebotenen Softwarelösungen. Die Funktion des Eisenbahnplaners WinTrack *Gleise automatisch verbinden* erleichtert die Gleisplanung enorm (Abb. 1.2). Vor allem bei umfangreichen Bahnhofs- und Bahnbetriebs-Bereichen hat man immer wieder etwas Not, das passende Gleisstück zwischen dem Anschluss einer Weiche und einem Ausweichgleis zu finden. Bei einfachen Gleisplanern bleibt Ihnen nichts anderes übrig, als alle zum Gleissortiment gehörenden Schienen auszuprobieren. Das kann viel Zeit kosten. Erst wenn das richtige Stück oder eine geeignete Kombination mehrere kurzer Gleise gefunden ist, kann der Zug diesen Streckenteil befahren. Mit der Funktion *Gleise automatisch verbinden* werden dagegen die beiden Enden der Gleislücke markiert und binnen weniger Sekun-

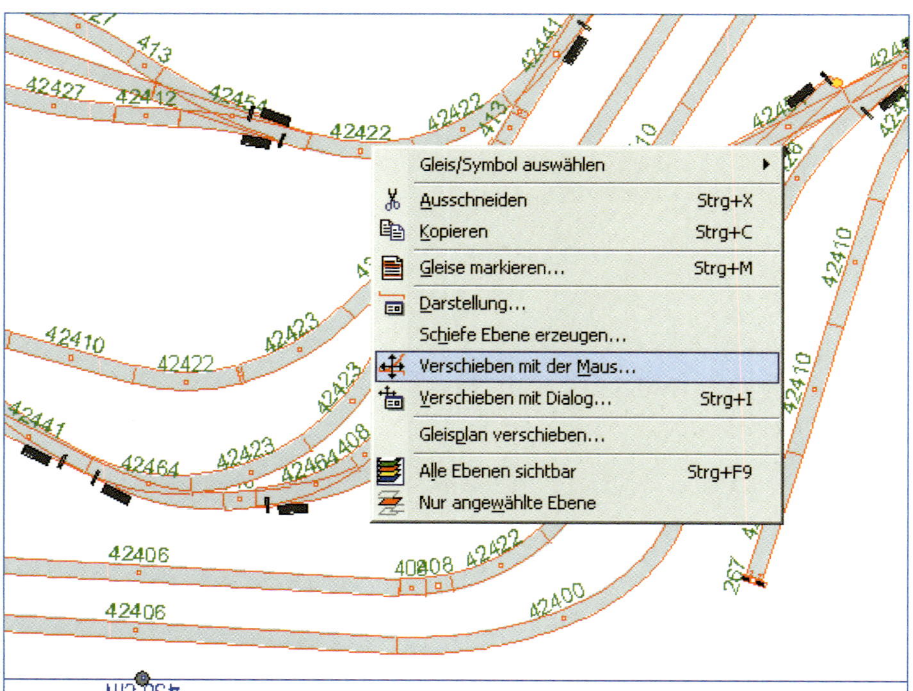

Abb. 1.1 – Markierte Anlagenteile lassen sich bequem auf der Grundplatte verschieben und so optimal ausrichten.

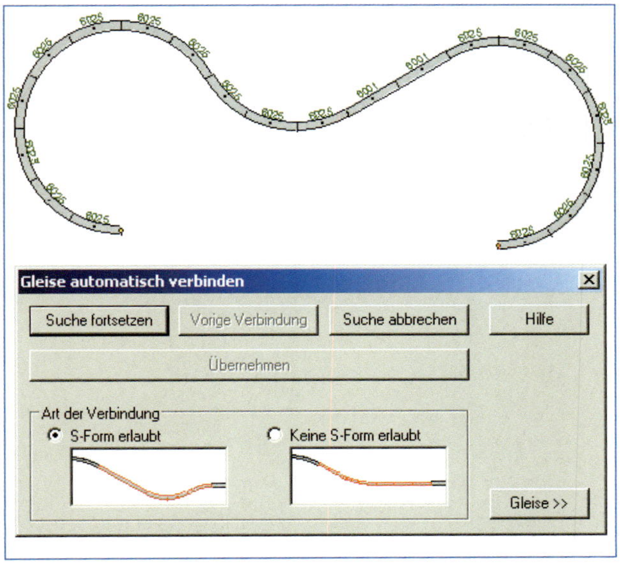

Abb. 1.2 – Die Funktion *Gleise automatisch verbinden* ist ein unentbehrliches Werkzeug, um komplizierte Gleislücken zu schließen.

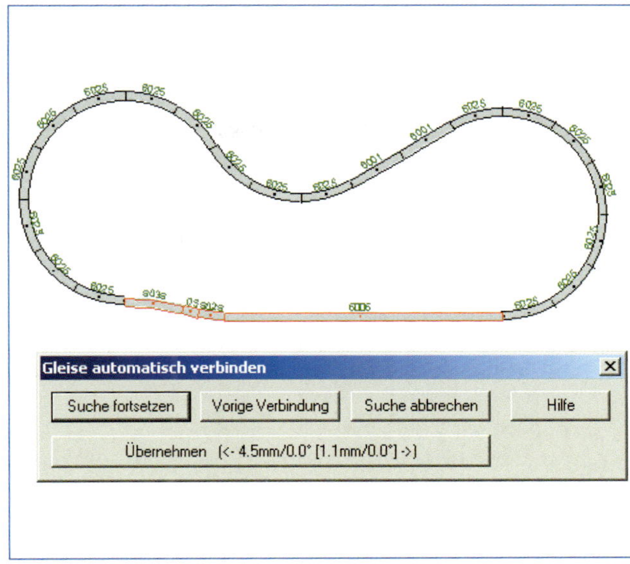

Abb. 1.3 – Ein Verbindungsvorschlag, den man per Mausklick übernehmen kann.

den wird ein erster Verbindungsvorschlag angezeigt. Diesen kann man per Mausklick übernehmen, oder man lässt nach weiteren Verbindungsmöglichkeiten suchen (Abb. 1.3). So können Sie selbst größere Lücken im Gleisnetz problemlos schließen.

Bei der Planung großer Modellbahnen ist auch die Funktion *Parallelkreis einfügen* oder ähnlich ein unverzichtbares Werkzeug (Abb. 1.4). Möchten Sie etwa eine zweigleisige Strecke zeichnen, genügt es, sie eingleisig zu planen. Das zweite Gleis lässt man einfach von der Software dazuzeichnen. Dabei können Sie den Abstand zum bereits gezeichneten Schienenstrang und dessen Lage bestimmen. Besonders spannend: Die Software WinTrack generiert automatisch die erforderlichen Längen der Flexgleise.

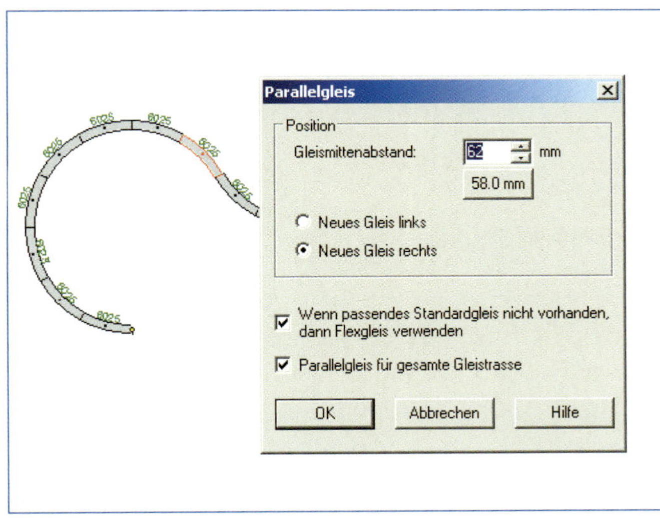

Abb. 1.4 – Mit *Parallelkreis für gesamte Gleistrasse* generiert das Programm automatisch parallele Gleisstrecken.

1.2 Vorab Parameter festlegen

Bevor man die Software einsetzt, sind einige Parameter festzulegen. Zuerst bestimmen Sie das Gleismaterial. Die Softwares besitzen umfangreiche Datenbanken, die die kompletten Gleisprogramme in den gängigen Spurweiten bekannter und unbekannter Hersteller enthalten. Neben Fleischmann, Märklin und Roco sind, neben anderen, auch Bemo und Peco gelistet. Die Auswahl des Gleisprogramms ist ent-

Abb. 1.5 – Startoberfläche des 3D-Eisenbahnplaners. Sie können wählen, ob Sie ein neues Projekt starten oder einen bereits gezeichneten Plan aufrufen möchten.

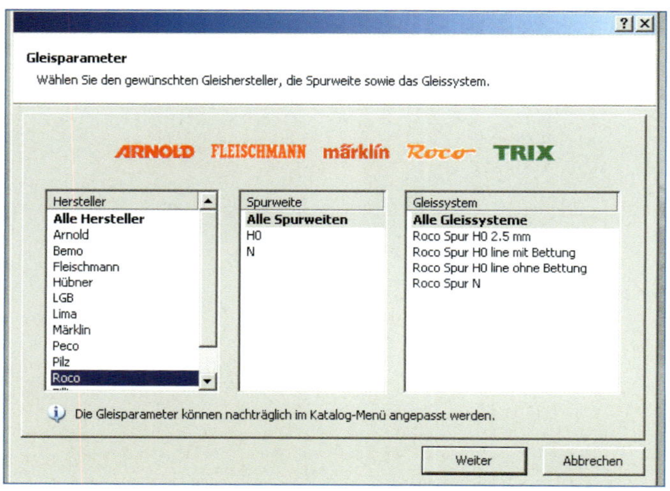

Abb. 1.6 – Bevor Sie mit der Planung beginnen, wählen Sie Hersteller, Spurweite und Gleissystem aus.

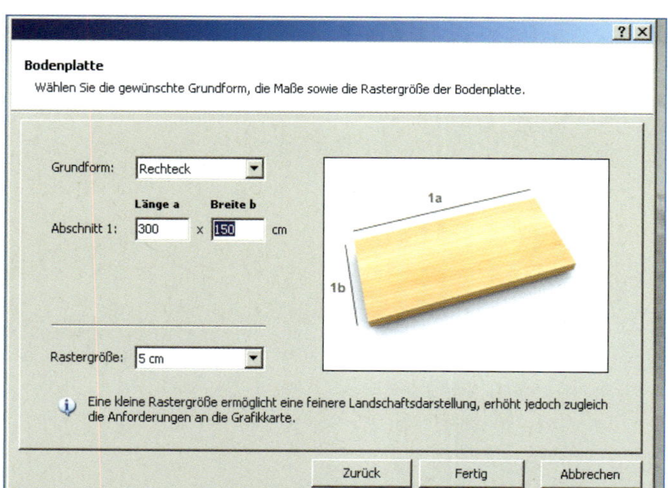

scheidend, da die Schienen der Hersteller meist nicht beliebig miteinander kombinierbar sind. Einige Gleissortimente halten nur die wichtigsten Komponenten für einfache Anlagen bereit, andere dagegen lassen keine Wünsche offen. Auch wie viel Schienen man für die geplante Modellbahn benötigt, ist von Hersteller zu Hersteller verschieden. Sie benötigen beispielsweise für einen Halbkreis zwei, drei, fünf oder sechs Kurvengleise.

Haben Sie sich für ein bestimmtes Gleisprogramm entschieden, ist die Grundplatte an der Reihe. Ihre Größe und Form müssen Sie exakt eingeben. Die Programme können mit rechteckigen und quadratischen Formen sowie Anlagen in L- und U-Form umgehen. Damit haben Sie am PC die zur Verfügung stehende Fläche parat, auf der Sie die Gleise platzieren.

1.3 Gleisnetz systematisch planen

Nachdem Sie die passende Software nach Kapitel 1.1 ausgewählt und die erforderlichen Parameter nach Kapitel 1.2 festgelegt haben, kann es ans Planen des Schienenetzes gehen. Am einfachsten gelingt das mit den in den Gleisprogrammen enthaltenen, vorkonfektionierten, geraden Gleisen und Kurven, die beispielsweise richtige Kurvenradien garantieren. Außerdem sehen Sie sofort, ob ausgewählte Kurvengleise noch auf die Grundplatte passen. Falls nicht, lassen sich die Gleise wieder aus der Planung löschen. Sie können jederzeit Änderungen vornehmen, ohne andere, bereits eingezeichnete Gleise zu verlieren. Jedes Planungsstadium lässt

Abb. 1.7 – Im zweiten Schritt geben Sie die Brettgröße ein.

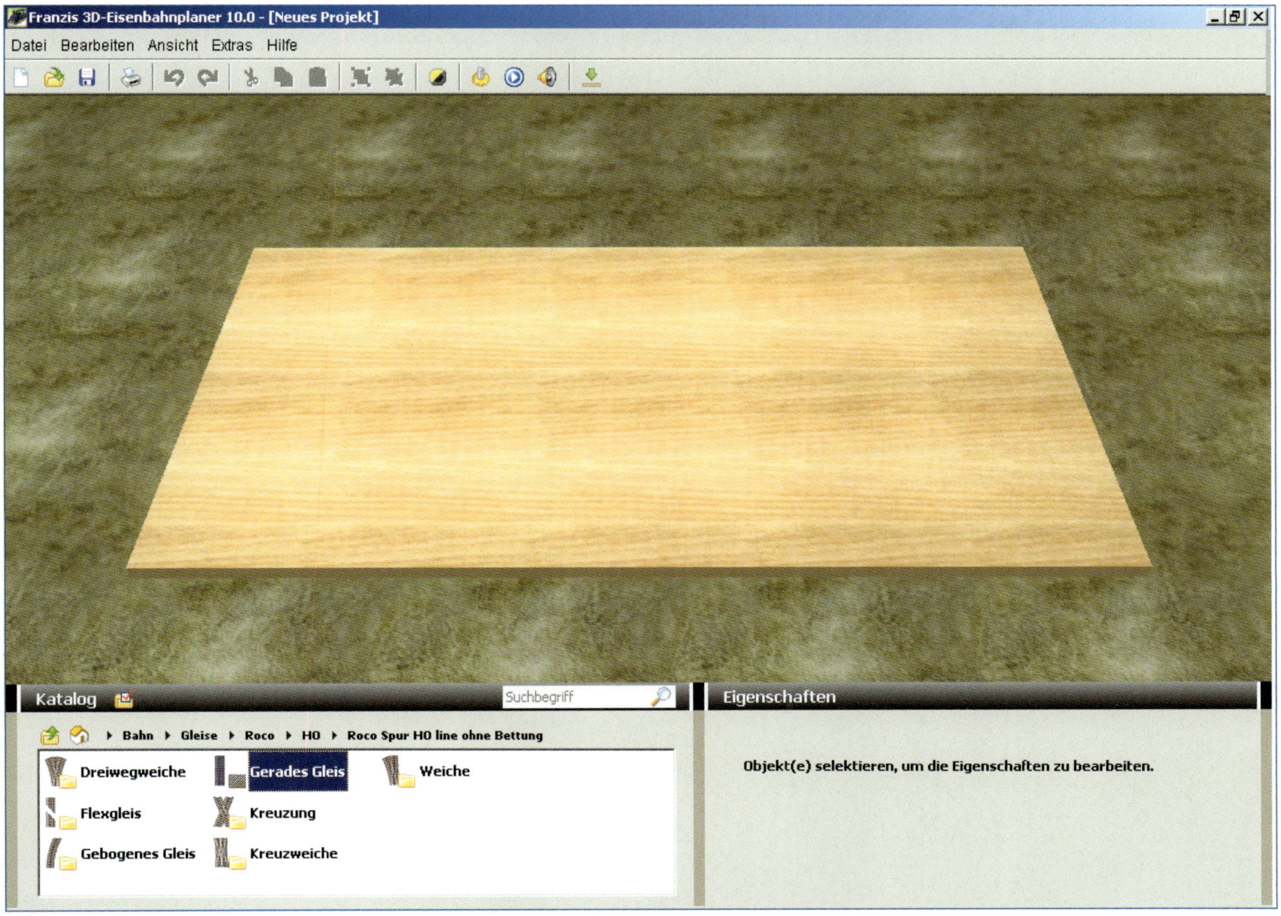

Abb. 1.8 – Die Planung des Gleisnetzes kann mit einem geraden Gleis beginnen.

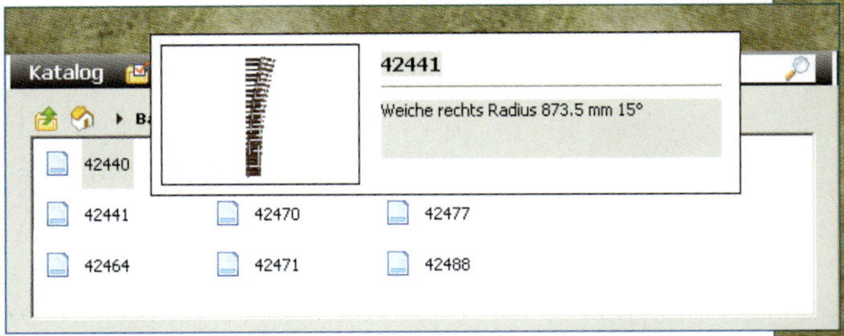

Abb. 1.9 – Der 3D-Eisenbahnplaner zeigt das ausgewählte Schienenstück in einem kleinen Fenster.

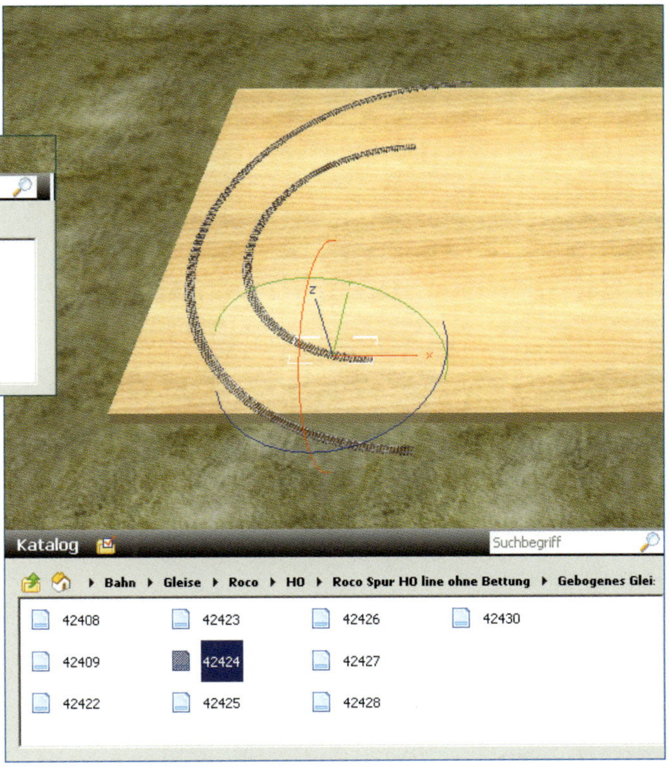

Abb. 1.10 – Mit wenigen Klicks prüfen Sie mit dem Gleisplaner, ob ein gewünschtes Gleis auf die Grundplatte passt. In diesem Fall ist der ursprünglich vorgesehene Gleisradius zu groß bemessen.

sich zwischenspeichern und wieder abrufen. Das Gleisprogramm erlaubt es außerdem, die Schienen an beliebige Stellen zu setzen und in jedem beliebigen Winkel auszurichten. Da Gleispläne dreidimensional sind, lassen sich auch Rampen und Bergstrecken mit Tunnel und Brücken bequem einfügen. Da Sie das Schienennetz mit der Software von Beginn an maßstabgerecht planen, sehen Sie sofort, wie die Modellbahn später aussieht. So kann man abschätzen, welche Gleisradien maximal realisierbar sind oder wie lang die Bahnhofsgleise sein sollten. Sie erkennen zu eng beieinander liegende Gleise und sehen, ob die gewünschte Streckenführung überhaupt machbar ist.

1.4 Landschaft gestalten und 3D-Ansicht

Mit Gleisplanersoftware können Sie nicht nur Schienenstränge generieren, sondern die Bahn auch mit Gebäuden, Bäumen, Brücken, Straßenfahrzeugen und Leuchten ausschmücken. Sie erkennen beispielsweise, wie groß die Häuser für die gezeichnete Anlage sein können. Die Gleisplanersoftwares halten auch 3-D-Ansichten bereit. Man kann die Ansicht drehen und schwenken und sich so ein Bild über die künftige Anlage machen. Hier erkennt man besonders gut, ob die eingezeichnete Modellbahn wirklich so wirkt, wie man sich das vorgestellt hat.

Flexgleise programmieren verlangt etwas Übung

Am einfachsten können Sie das Schienennetz mit vorkonfektionierten Gleisen planen. Ihr Vorteil liegt darin, dass man sie nur zusammenzustöpseln braucht. Sie haben aber auch einige Nachteile. So lassen sich nicht alle Streckenverläufe so realisieren, wie man gerne möchte. Außerdem fehlen manchmal vorgefertigte Schienengrößen, die man aber braucht. Hat man Glück, kann man zu sehr kurzen Distanzstücken von nur einem Zentimeter Länge greifen. Falls nicht, sind Flexgleise anzuraten, die ein flexibles Verlegen der Schienen erlauben. Vor allem bei umfangreicheren Bahnhofsanlagen und komplizierten Streckenführungen sind diese biegbaren Gleise hilfreich. Man kann sie auch bei der Gleisplanung am Rechner einsetzen, was allerdings mit etwas mehr Arbeit verbunden ist und etwas Übung voraussetzt. Man sollte deshalb zunächst Gleispläne ohne Flexgleise am PC entwerfen. Beherrscht man diese Aufgabe, kann man sich auch an Flexgleise herantrauen. Möchten Sie einen Gleisbogen mit einem Flexgleis planen, müssen Sie den Kurvenradius und den gewünschten Winkel eingeben (Abb. 1.11). Mit welchem Komfort Sie Flexgleise ins Schienennetz einprogrammieren können, hängt von der Software ab.

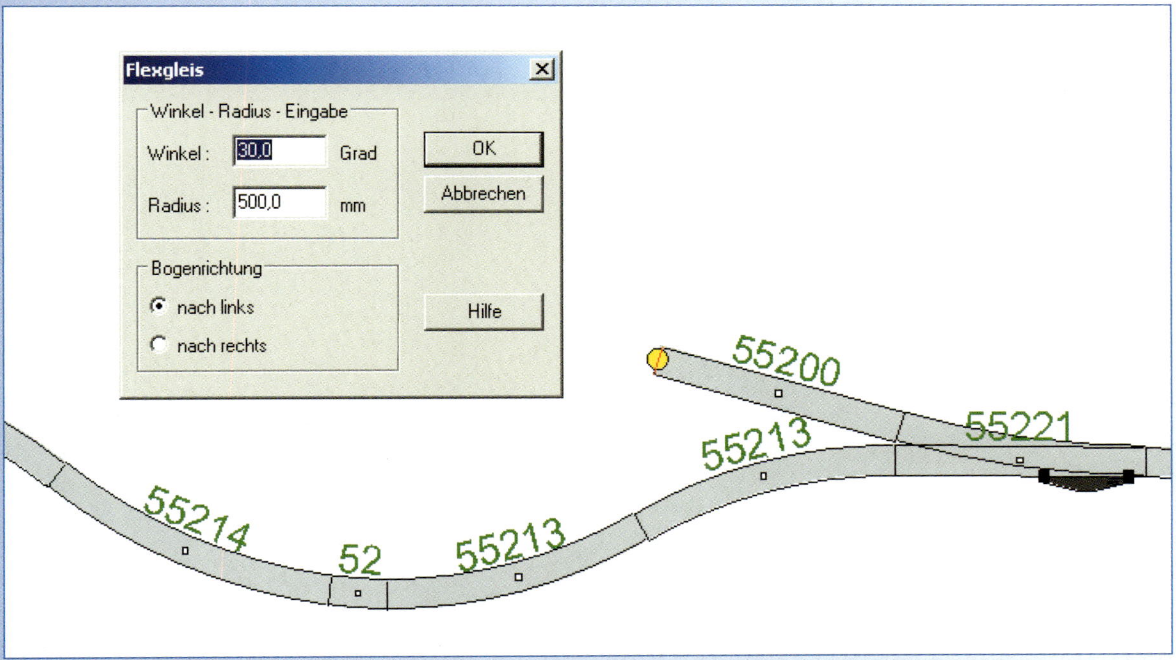

Abb. 1.11 – Im Eingabefenster legt man Winkel und Radius des Flexgleises fest.

2 Landschaften naturecht gestalten

Eine schöne Modelleisenbahn setzt sich nicht nur aus der Gleisanlage zusammen. So richtig ansehnlich wird sie erst durch die Gestaltung der gesamten Anlage. Dazu gehört, Wiesen und Felder anzulegen, Bäume zu setzen und alles dreidimensional mit Bergen auszugestalten. Diese optische Ausgestaltung muss man bereits in der Planungsphase berücksichtigen, da sie Einfluss auf die zu verlegenden Schienen hat. Verlegen Sie die Schienen in einer Ebene, können Sie die Gleise einfach auf die Grundplatte nageln, um so den nötigen Halt zu realisieren. Komplizierter sind bergige Landschaften aufzubauen, bei denen Sie beispielsweise die Gleise mit einer Schräge dem Bergverlauf anpassen müssen. Dabei sind zahlreiche Details zu berücksichtigen, die dieses Kapitel erläutert.

2.1 Fahrbahnen durch Gebirge und unterirdisch führen

Damit die Züge durch eine bergige Landschaft fahren können, nageln Sie auf ein Holzgerüst Bretter in doppelter Gleisbreite, um darauf die Schienen schallisoliert zu befestigen (siehe Kasten). Bei einer Bergstrecke ist nicht einmal eine Grundplatte erforderlich. Es genügt ein Holzgerüst, auf dem Sie auf schmalen Stegen

Abb. 2.1 – Verlaufen nur einzelne Gleise in einer Hügellandschaft oder im Gebirge, genügt ein solider Holzrahmen, auf dem dünne Stege für die Fahrstrecken montiert sind.

Abb. 2.2 – Die Gleise unter der Grundplatte sind schallgedämmt auf Styropor verlegt.

Modellbahngleise schallisoliert verlegen: Tipps zum Vorgehen

Modellbahngleise, egal ob mit oder ohne Schienenbett, sollte man nicht direkt auf die Grundplatte oder Bretter nageln. Ziemlicher Fahrlärm ist die Folge, weil sich die Geräusche der Loks direkt auf die Grundplatte übertragen. Um dies zu vermeiden, verlegen Profis Schienen ausschließlich auf einer schalldämmenden Unterlage. Das kann eine wenige Millimeter dicke Korkunterlage sein, aber auch Styropor eignet sich dazu sehr gut. Schallgedämpfte Schienen sind gleich aus zweierlei Hinsicht interessant. Einmal erlauben sie es auch spätnachts, Züge leise fahren lassen zu können. Außerdem realisieren Sie so einen wirklichkeitsnäheren Betrieb, weil die Geräusche eingebauter Sounddecoder besser und deutlicher zu hören sind.

Abb. 2.3 – Bei dieser Modellbahn werden die Schienen auf einer Korkunterlage und damit schalldämmend befestigt.

den Streckenverlauf quasi „vorbauen". Dabei sollten Sie die später zu verwendenden Kurvenradien im Auge haben, da man nur sehr arbeitsintensiv die Schienen nachträglich verlegen kann.

Mit Gleiswendel Höhe gewinnen

Zu den Highlights beim Bau einer Modelleisenbahn zählen sogenannte Gleiswendel, mit denen die Züge auf kleinstem Raum an Höhe gewinnen. Da sie nicht allzu schön anzusehen sind, sind sie meist im Inneren eines Berges verborgen. Sie machen den Fahrbetrieb auf einer Modellbahn interessant, weil der Zuschauer nicht weiß, wo der Zug wieder auftaucht, der gerade in einen Tunnel gefahren ist.

Züge unter Grundplatte parken

Mit Gleiswendeln oder schrägen Rampen können Züge auch eine unterirdische Fahrebene erreichen. Diese liegt unter der Eisenbahnplatte und beherbergt Abstellgleise, für die auf der Bahnanlage selbst kein Platz ist. Auf diesen Gleisen können Sie gerade nicht benötigte Züge parken oder Bahnen unsichtbar von A nach B leiten. „Abstellbereiche" unter dem Eisenbahnbrett baut man am besten mit preiswerten Schienen so groß, wie man sie braucht. Sie können dort auch Kehrschleifen realisieren, für die auf der Modellbahnoberfläche oft der Platz fehlt. Da sich die Bahnanlagen der Untertageebene den Blicken entziehen, brauchen Sie sich um deren Gestaltung nicht zu kümmern. Anzuraten ist

Abb. 2.4 – Mit einer Gleiswendel gewinnen die Züge schnell an Höhe.

allerdings, die Schienen auch dort schallisoliert zu montieren, um unnötig laute Fahrgeräusche zu vermeiden (Abb. 2.2).

2.2 Berge bauen

Berge lassen sich verschieden realisieren. Sie können den Unterbau aus kleinen Hölzern fertigen (Abb. 2.5), diesen „Rahmen" mit einem feinmaschigen Gitter bespannen (Abb. 2.6) und anschließend mit Gips bestreichen (Abb. 2.7). Dadurch erhält der Berg seine endgültige Form. Damit der Gips diese auch beibehält und sich gut auftragen lässt, dürfen Sie ihn nicht zu feucht anrühren. Alternativ eignet sich auch Styropor, das der Handel in Platten und größeren Würfeln liefert, zum Bau eines Berges. Styropor lässt sich leicht bearbeiten und eignet sich daher bestens, um sehr feine Landschafts-

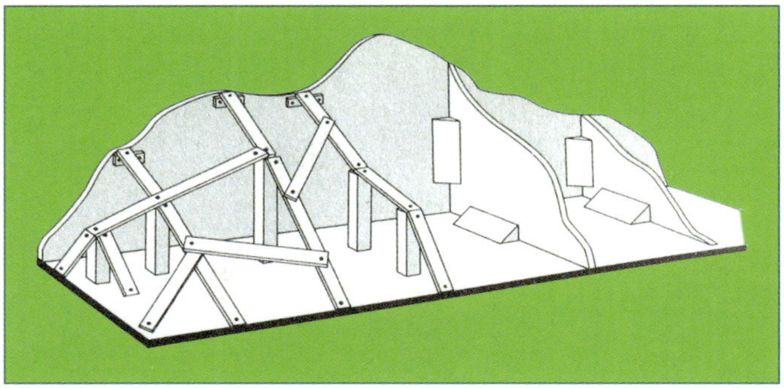

Abb. 2.5 – Bergunterbau aus Holz.

verläufe zu bauen. Anschließend tragen Sie wieder Gips behutsam auf, den der Styroporberg in eine stabile Haube kleidet.

Jetzt geht es ans Gestalten des weißen Gipsberges. Das beginnt mit dem Anmalen, damit später kein Weiß mehr durchschimmert (Abb. 2.8). Wiesen und kleinere Grasflächen können Sie mit Streumaterial, das Sie in zahlreichen Farben und Korngrößen kaufen können, einfach herstellen (Abb. 2.10). Wenn Sie auf besonders

Abb. 2.6 – Feinmaschiges Gitter umhüllt den hölzernen Unterbau.

Abb. 2.7 – Mit Gips bestrichener Berg.

Abb. 2.8 – Gipsberg, der im unteren Bereich grün angemalt ist.

Abb. 2.9 – Zwischen den Gleisen ist Gras als Streumaterial aufgetragen.

Abb. 2.10 – Streumaterial, mit dem Sie Wege und Wiesen herstellen können.

Universalbaustoffe Styropor und Papier

Styropor eignet sich nicht nur, um Berge vorzumodulieren. Da es besonders leicht zu bearbeiten ist, können Sie damit auch feine Details wie Stützmauern und Gebäudekomplexe gestalten. Abb. 2.11 zeigt einen „Rohbau" des historischen Wasserkraftwerks Steyrdurchbruch. Dazu schneidet man aus Styroporplatten kleine „Bauklötze" heraus und setzt damit das Bauwerk mit etwas Kleber zusammen. Auch der einfache Schuppen am linken Bildrand ist im Rohbau aus Styropor gefertigt. Seine Wände und das Dach braucht man nur noch mit steifem Papier zu bekleben, auf dem Türen und Fenster aufgemalt sind. Die fertigen Wände lassen sich auch am PC herstellen. Mit Foto- und Mal-Programmen generieren Sie naturechte Seitenflächen, die Sie sofort ausdrucken und ausschneiden können.

Wenn Sie handwerklich geschickt sind, können Sie ein Papierhäuschen auch per Hand fertigen. Soll das Haus etwas stabiler sein, ist dünnes Bastelholz anzuraten.

naturechte Wiesen Wert legen, können Sie auch auf Gras-Nachbildungen zurückgreifen, die aufzukleben sind. Der Fachhandel führt eine breite Palette von Wiesen mit langen und kurzen Gräsern. Perfekt wird die Landschaft schließlich, wenn Sie Bäume und Büsche setzen, die Sie ebenfalls im Fachhandel erhalten.

2.3 Kleine Wege und andere Details

Kleine Details in der Landschaft machen die Modellbahn perfekt. Sie reichen vom Anlegen kleiner Wege bis hin zum Aufstellen von Personengruppen. Vielfach lassen sich auf kleinem Raum auch Begebenheiten aus dem täglichen Leben in Szene setzen. Sie benötigen mitunter

Abb. 2.11 – Styropor eignet sich, um daraus Gebäudekomplexe herzustellen.

nur wenige Quadratzentimeter, machen aber die Modelleisenbahn zum kleinen Juwel. Ausreichend große Modellbahnen erlauben, Straßen mit Verkehrsschildern und fahrenden Autos anzulegen, die ein zusätzlicher Blickfang sind.

Abb. 2.12 – Szenen aus dem täglichen Leben werten die Modelleisenbahn auf.

Abb. 2.13 – Parkplatz auf einer Modellbahn.

3 Gleispläne für unterschiedlichste Modellbahnen

Die 45 Gleispläne können als Vorlage für Ihre eigene Modellbahn dienen. Sie decken ein breites Spektrum aller nur möglichen Modellbahnen in verschiedenen Spurweiten ab. Die Pläne reichen von ganz kleinen Bahnen bis zu sehr großen Anlagen mit mehreren, auf verschiedenen Ebenen gleichzeitig fahrenden Zügen und ausgeklügelten Rangiersystemen. Sie können die Pläne eins zu eins nachbauen oder verändern und so optimal auf die eigenen Wünsche und Vorstellungen anpassen. Sie erfahren außerdem, welche Modellbahnen sich auf Grundplatten unterschiedlicher Größe unterbringen lassen – denn meist geht es darum, den zur Verfügung stehenden Raum optimal zu nutzen. Die Pläne geben außerdem Tipps, wie Sie die umliegende Landschaft gestalten können, und beschränken sich auf wichtige Daten, weil Modelleisenbahner zunächst wissen möchten, wie eine Anlage aussieht. Es fehlen deshalb Entkupplungsgleise und Signalanlagen. Jeder Hobbybahner muss selbst entscheiden, ob und in welchem Umfang er sie einbaut. Alle Gleispläne fußen auf digitaler Technik, weil diese zeitgemäß ist und gegenüber der analogen Modellbahn viele zusätzliche Features liefert. In den technischen Daten taucht deshalb nur ein Stromkreis auf. Da man die analoge Z-Miniaturbahn auch in größeren Spurweiten nachbauen kann, ist auch bei diesen Gleisplänen nur ein Stromkreis eingezeichnet.

3.1 Für alle Spurweiten

Jeder Gleisplan in diesem Buch basiert auf einer Spurweite und einem Gleisprogramm eines bestimmten Herstellers. Dies ist erforderlich, da Gleissortimente voneinander abweichen und so die Stückliste beeinflussen. Diese listet alle Gleise, die Sie benötigen, um den zu Grunde

liegenden Gleisplan nachzubauen. Jede vorgestellte Modellbahn lässt sich aber auch mit beliebig anderem Schienenmaterial und in jeder Spurweite realisieren. Beispielsweise können Sie ohne weiteres eine H0-Anlage in der kleineren N-Spur aufbauen. Dabei profitieren Sie von den geringeren Abmessungen der Grundplatte, die dann nur noch rund ein Viertel der für H0 erforderlichen Fläche ausmacht. Versuchen Sie indes, eine N-Anlage mit H0-Loks und -Waggons aufzubauen, müssen Sie entsprechend mehr Platz einplanen. Anstatt 2 m² für die Spurweite N brauchen Sie für die H0-Spur rund 8 m². Neben den gebräuchlichen Spurweiten H0 und N stellt das Buch auch Modellbahnen für die Spurweiten TT, Z und die Schmalspurbahn H0e vor. Selbst diese Gleispläne können Sie für jede andere Spurweite verwenden.

3.2 Bedeutung der Farben im Gleisplan

Ein Teil der vorgestellten Modellbahnen verkehrt auf mehreren Ebenen. Auf Grundplatten-Niveau verlegtes Gleismaterial ist grau eingezeichnet. Höher gelegene Strecken, etwa von Alpenbahnen, sind fast durchweg grün markiert. Ist zusätzlich eine zweite Bergbahn auf einem anderen Höhenniveau unterwegs, ist diese Strecke orange eingefärbt. Einige vorgestellte Modellbahnen besitzen eine unsichtbare unterirdische Ebene unter der Grundplatte, die an gelben Gleisen zu erkennen ist (vgl. Kapitel 2.1 unter der Überschrift *Züge unter Grundplatte parken*). Nicht sichtbare Streckenverläufe, egal ob sie durch Tunnel oder eine unterirdische Ebene führen, sind in den Gleisplänen gestrichelt eingezeichnet.

3.3 Was ist die Stückliste?

Sie enthält alle Gleise, die Sie für die vorgestellte Anlage benötigen, um diese nachzubauen. Doch Achtung: Die Liste ist nicht allgemeingültig, weil zum Beispiel die Längen gerader Gleise je nach Hersteller variieren! Die Stücklisten verzichten auf nicht zwingend benötigte Details wie Signalanlagen und Oberleitungen. Beides können Sie der Anlage jederzeit hinzufügen.

Plan 1: Modellbahn für Einsteiger

Für einen Kreis in der populären Spurweite H0 reicht eine rund 1 m² große quadratische Grundplatte. Mit einer doppelt so großen Anlage von 2 m x 1 m können Sie bereits weitaus mehr aus einer Modellbahn „herausholen". Infrage kommt nach Gleisplan 1 ein zweigleisiger Fahrbetrieb, sodass zwei Züge in verschiedene Richtungen unterwegs sein können. Der sehr einfach ausgeführte Bahnhof erlaubt den Spurwechsel in beiden Fahrtrichtungen, drei Abstellgleise sind für zusätzliche Waggons und Loks vorgesehen. Eine dritte Lok kann dank der digitalen Steuerung einen weiteren Zug auf einem Abstellgleis zusammenstellen. Diese einfache Modellbahn kommt vor allem für Einsteiger infrage, weil man sie leicht durch eine erweiterte Startpackung aufbauen kann. Selbstverständlich eignet sich diese Modellbahn für alle Spurweiten.

Anlagen-Daten

Spurweite: H0
Gleistyp: Roco H0-2,5-mm-Gleis
System: Zweileiter Gleichstrom
Bodenplatte: 200 cm x 100 cm
Gleislänge: ca. 15 m

Stückliste

Gleisbezeichnung	Anzahl	Gleistyp
42222	16	Gleis gebogen, Radius 358 mm / 30 Grad
42223	12	Gleis gebogen, Radius 425 mm / 30 Grad
42204	7	Gerades Gleis, Länge 85 mm
42202	5	Gerades Gleis, Länge 228.6 mm
42211	4	Gerades Gleis, Länge 24.5 mm
42301	4	Weiche links, Radius 700 mm 12.5 Grad
42303	3	Weiche rechts, Radius 700 mm 12.5 Grad
42203	3	Gerades Gleis, Länge 204 mm
42267	3	Prellbock (Bausatz), wahlweise mit Holzbohle oder Puffern
42209	1	Gerades Gleis, Länge 26.5 mm
42201	1	Flexibles Gleis, 914,4 mm
42205	1	Gerades Gleis, Länge 62 mm
42200	1	Flexibles Gleis, 358,0 mm
42232	1	Gleis gebogen, Radius 358 mm / 12.5 Grad

Abb. 3.1 – Gleisplan 1

Plan 2: Dreigleisig auf kleinstem Raum

Diese Bahn lässt Kinderherzen höher schlagen. Sie vereint auf engstem Raum insgesamt drei Gleisovale, auf denen je ein Zug fahren kann – wobei der Wechsel der Spuren jederzeit möglich ist. Sie können diese Modellbahn auf einer Grundplatte realisieren oder einfach auf dem Wohnzimmerteppich aufbauen und nach dem Spielen wieder wegräumen. Dafür sind allerdings Handweichen anzuraten, die Sie später bei Bedarf mit einem elektronischen Antrieb zur „vollwertigen" Weiche erweitern können. Da sich der Preis in Grenzen hält, können Vater und Sohn zunächst testen, ob danach an eine „richtige" Eisenbahn zu denken ist. Die

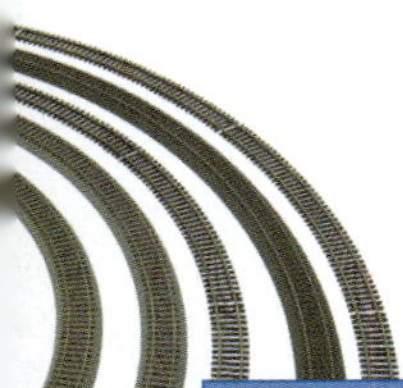

Stückliste

Gleisbezeichnung	Anzahl	Gleistyp
42223	12	Gleis gebogen, Radius 425 mm / 30 Grad
42222	12	Gleis gebogen, Radius 358 mm / 30 Grad
42232	6	Gleis gebogen, Radius 358 mm / 12.5 Grad
42211	5	Gerades Gleis, Länge 24.5 mm
42202	4	Gerades Gleis, Länge 228.6 mm
42301	4	Weiche links, Radius 700 mm / 12.5 Grad
42221	4	Industriegleis, Radius 250 mm / 60 Grad
42200	3	Flexibles Gleis, 358,0 mm
42209	3	Gerades Gleis, Länge 26.5 mm
42205	3	Gerades Gleis, Länge 62 mm
42303	2	Weiche rechts, Radius 700 mm / 12.5 Grad
42204	2	Gerades Gleis, Länge 85 mm
42233	2	Gleis gebogen, Radius 425 mm / 12.5 Grad
42201	1	Flexibles Gleis, 914,4 mm
42318	1	Elektro-Dreiwegweiche, symmetrisch, 228.6 mm / 12.5 Grad
42212	1	Gerades Gleis, Länge 20 mm
42207	1	Gerades Gleis, Länge 51 mm
42203	1	Gerades Gleis, Länge 204 mm
42234	1	Gleis gebogen, Radius 472 mm / 7.5 Grad

Anlagen-Daten

Spurweite: H0
Gleistyp: Roco H0-2,5-mm-Gleis
System: Zweileiter Gleichstrom
Bodenplatte: 200 cm x 100 cm
Gleislänge: ca. 17 m

beiden großen Hauptgleise sind wegen ihrer größeren Radien auch für schnell fahrende Züge, lange Lokomotiven und Wagen befahrbar. Das innen liegende dritte kleine Gleisoval besitzt nur sehr kleine Radien und eignet sich deshalb nicht für jeden Zug.

Abb. 3.2 –
Gleisplan 2

Plan 3: Gleisoval mit Innenkreis und Abstellgleisen

Dieser Gleisplan basiert auf dem klassischen Gleisoval und wurde mit einigen kurzen Ausweichgleisen und vor allem Abstellgleisen aufgewertet. Obwohl diese Modelleisenbahn-Anlage nur 1,5 m x 1,2 m misst, liefert sie einige Features. Der aus mehreren kurzen Abstellsegmenten bestehende Innenbereich ist zugleich ein zweiter Schienenkreis. Auf Grund der engen Kurven sind dort kürzere Wagen und Loks anzuraten. Der Innenkreis erlaubt auch Rangierbetrieb, da alle Abstellgleise von zwei Seiten erreichbar sind.

Anlagen-Daten

Spurweite: H0
Gleistyp: Fleischmann H0-Modell-Gleis
System: Zweileiter Gleichstrom
Bodenplatte: 150 cm x 120 cm
Gleislänge: ca. 14 m

Stückliste

Gleisbezeichnung	Anzahl	Gleistyp
6030	11	Gebogenes Gleis, 30 Grad, Radius 415 mm
6001	9	Gerades Gleis, Länge 204 mm
6020	9	Gebogenes Gleis, 60 Grad, Radius 250 mm
6016	6	Prellbockgleis
6032	5	Gebogenes Gleis, 15 Grad, Radius 415 mm
6003	5	Gerades Gleis, Länge 55 mm
6005	4	Gerades Gleis, Länge 165 mm, Ausgleichsstück
6004	4	Gerades Gleis, Länge 40 mm
6033	3	Gebogenes Gleis, 7,5 Grad, Radius 415 mm
6073	3	Elektrische Weiche rechts, Radius 415 mm / 15 Grad
6077	3	Bogenweiche rechts, elektrisch
6002	3	Gerades Gleis, Länge 102 mm
6076	2	Bogenweiche links, elektrisch
6072	1	Elektrische Weiche links, Radius 415 mm / 15 Grad
6024	1	Gebogenes Gleis, 45 Grad, Radius 357 mm
6036	1	Gebogenes Gleis, 15 Grad, Gegenbogen
6006	1	Gerades Flexgleis, Länge 981 mm
6066	1	Doppelte Kreuzungsweiche, 15 Grad, elektrisch
6071	1	Handweiche rechts, Radius 415 mm / 15 Grad

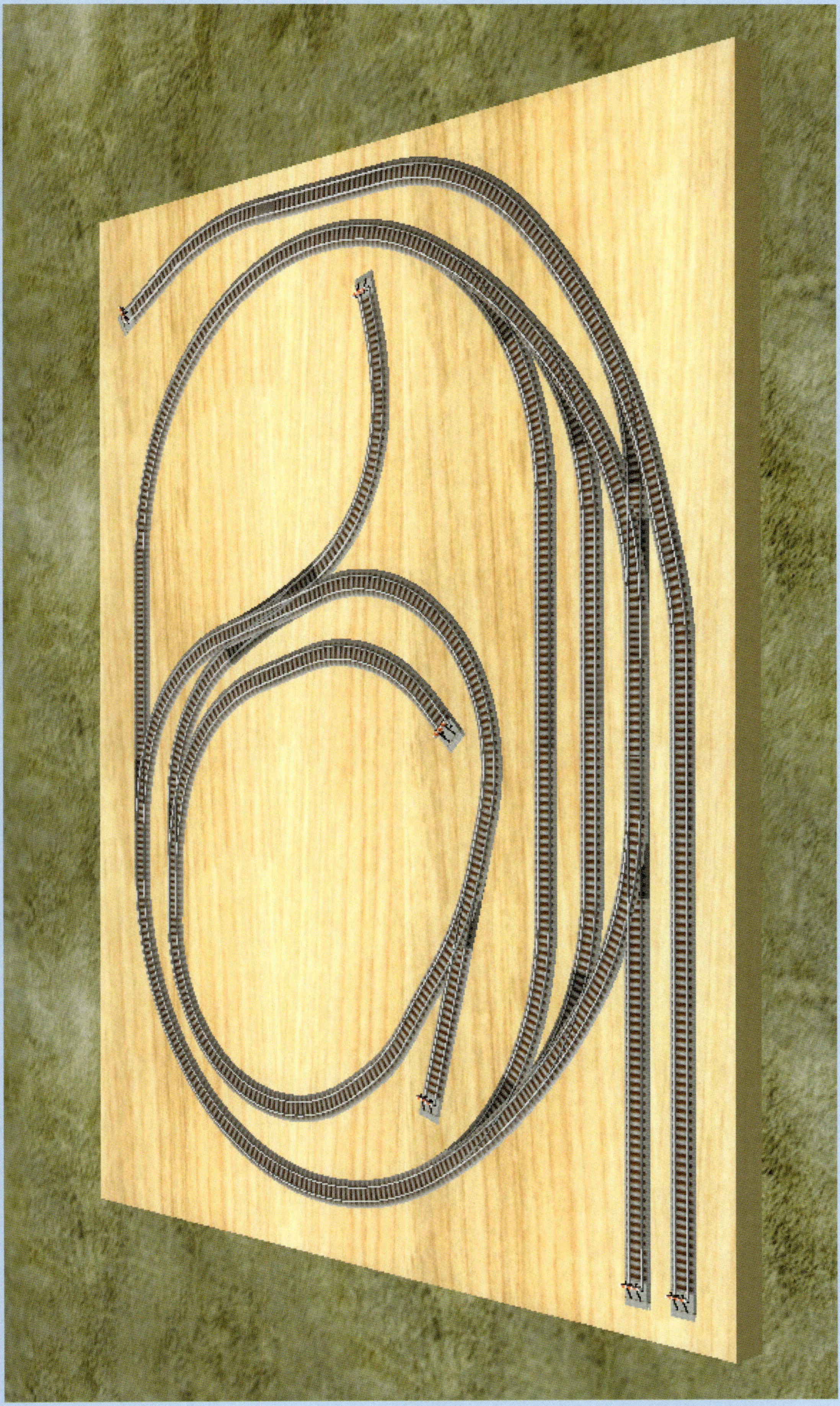

Abb. 3.3 – Gleisplan 3

Plan 4: Raffinierter Rangierbetrieb

Dieser Gleisplan ist für Hobbybahner interessant, die vor allem auf einen raffiniertem Rangierbetrieb Wert legen. Die Anlage besitzt zahlreiche Abstellgleise, Weichen und diverse parallele Schienenstrecken, die Loks und Wagen in jede nur erdenkliche Richtung fahren lassen. Für den Spielbetrieb ist diese Modellbahn mit zwei separaten Schienenkreisen ausgestattet, auf denen mindestens zwei Züge fahren können. Der äußere Streckenverlauf ist kreuzungsfrei, der innere ist über mehrere Weichen teils verwinkelt geführt. Dieser erlaubt langsamen Zugsverkehr, um Züge zu verschieben und zusammenzustellen. Die Abmessungen der H0-Anlage halten sich in Grenzen und sind eine Alternative zu einfacheren Modellbahnen, bei denen der Fahrbetrieb im Vordergrund steht. Da diese Modellbahn einen großen Bahnhofsbetrieb nachbildet, kann man die Umgebung mit Bahnbetriebsgebäude, Laderampen und Lokschuppen gestalten. Wegen der vielen Gleise können auf dieser digital gesteuerten Modellbahn drei oder vier Lokomotiven gleichzeitig verkehren.

Stückliste

Gleisbezeichnung	Anzahl	Gleistyp
6001	33	Gerades Gleis, Länge 204 mm
6020	12	Gebogenes Gleis, 60 Grad, Radius 250 mm
6003	10	Gerades Gleis, Länge 55 mm
6073	10	Elektrische Weiche rechts, Radius 415 mm, 15 Grad
6025	8	Gebogenes Gleis, 30 Grad, Radius 357 mm
6024	8	Gebogenes Gleis, 45 Grad, Radius 357 mm
6016	8	Prellbockgleis
6006	8	Gerades Flexgleis, Länge 981 mm
6002	6	Gerades Gleis, Länge 102 mm
6004	6	Gerades Gleis, Länge 40 mm
6026	5	Gebogenes Gleis, 15 Grad, Radius 357 mm
6030	4	Gebogenes Gleis, 30 Grad, Radius 415 mm
6072	4	Elektrische Weiche links, Radius 415 mm, 15 Grad
6066	3	Doppelte Kreuzungsweiche, 15 Grad, elektrisch
6032	3	Gebogenes Gleis, 15 Grad, Radius 415 mm
6005	2	Gerades Gleis als Ausgleichsstück, Länge 165 mm

Anlagen-Daten

Spurweite: H0
Gleistyp: Fleischmann H0-Modell-Gleis
System: Zweileiter Gleichstrom
Bodenplatte: 280 cm x 130 cm
Gleislänge: ca. 28 m

Abb. 3.4 – Gleisplan 4

Abb. 3.5 – Dieser Bahnübergang mit Lichtanlage wertet jede Modellbahn-Anlage auf.

Plan 5: Zwei Züge auf einer Strecke

Diese einfache Anlage besitzt zwei Bahnhöfe mit je vier Gleisen. Sie dienen, neben dem Fahrbetrieb, auch als Abstellgleis für gerade nicht benötigte Waggons und Loks. Die Modellbahn hat außerdem Platz für zusätzliche Abstellgleise, ein Stellwerk und eine Laderampe, da die Tiefe der Grundplatte mit 1,2 m großzügig gewählt ist. Der besondere Reiz dieser eingleisigen Modellbahn besteht in den beiden Ausweichmöglichkeiten nach jedem Halbkreis. Das erlaubt es, zwei Züge, die sich in den Bahnhofsbereichen auf zwei Ausweichgleisen „kreuzen", gleichzeitig in unterschiedliche Richtung fahren zu lassen. Dazu sollten beide Züge etwa gleich schnell fahren. Fährt der eine Zug schneller, kann er auf einem Ausweichgleis eine kleine Pause einlegen, bis der entgegenkommende Zug den Bahnhof passiert hat. Dies lässt sich mit etwas elektrischem Aufwand auch mit Analogtechnik stemmen, einfacher ist diese Aufgabe jedoch mit digitaler Steuerung zu meistern.

Anlagen-Daten

Spurweite: H0
Gleistyp: Fleischmann H0-Modell-Gleis
System: Zweileiter Gleichstrom
Bodenplatte: 300 cm x 120 cm
Gleislänge: ca. 21 m

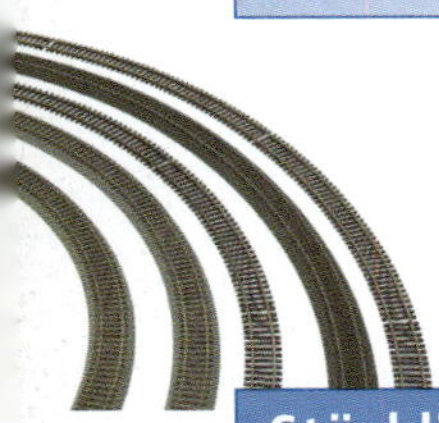

Stückliste

Gleisbezeichnung	Anzahl	Gleistyp
6025	20	Gebogenes Gleis, 30 Grad, Radius 357 mm
6024	8	Gebogenes Gleis, 45 Grad, Radius 357 mm
6006	8	Gerades Flexgleis, Länge 981 mm
6026	8	Gebogenes Gleis, 15 Grad, Radius 357 mm
6077	6	Bogenweiche rechts, elektrisch
6076	6	Bogenweiche links, elektrisch
6032	4	Gebogenes Gleis, 15 Grad, Radius 415 mm
6005	2	Gerades Gleis als Ausgleichsstück, Länge 165 mm

Abb. 3.6 – Gleisplan 5

Plan 6: Fahr- und Rangier-Spaß

Diese H0-Modellbahn unterscheidet sich von typischen Anlagen durch zwei ungewöhnlich geführte Hauptstrecken. Der Bahnhof ist großzügig gestaltet und hat genügend Platz für fahrende und gerade nicht benötigte Züge. Loks können mehrere, verschieden lange Abstellgleise ansteuern und dort selbst längere Züge parken. Zwei Abstellgleise führen bis an den Brettrand, sodass Sie an dieser Stelle die Modellbahn später bei Bedarf erweitern können. Der hintere Streckenverlauf ist verwinkelt und ermöglicht es so, die Bahn teilweise untertunnelt zu führen.

Stückliste

Gleisbezeichnung	Anzahl	Gleistyp
6101	15	Gerades Gleis, Länge 200 mm
6120	14	Gebogenes Gleis, 36 Grad, Radius 356.5 mm
6106	14	Gerades Flexgleis, Länge 800 mm
6116	10	Prellbockgleis
6125	9	Gebogenes Gleis, 36 Grad, Radius 420 mm
6122	7	Gebogenes Gleis, 18 Grad, Radius 356.5 mm
6173	6	Elektrische Normalweiche rechts
6138	5	Gebogenes Gleis, 18 Grad, Radius 647 mm
6172	5	Elektrische Normalweiche links
6127	4	Gebogenes Gleis, 18 Grad, Radius 420 mm
6167	2	Doppelte Rechtskreuzungsweiche elektrisch
6103	2	Gerades Gleis, Länge 100 mm
6102	2	Gerades Gleis, Länge 105 mm
6176	2	Elektrische Bogenweiche links
6177	1	Elektrische Bogenweiche rechts
6158	1	Elektrische Dreiwegweiche
6131	1	Gebogenes Gleis, 18 Grad, Radius 483.5 mm
6133	1	Gebogenes Gleis, 18 Grad, Radius 547 mm

Anlagen-Daten
Spurweite: H0
Gleistyp: Fleischmann H0-Profi-Gleis
System: Zweileiter Gleichstrom
Bodenplatte: 290 cm x 150 cm
Gleislänge: ca. 28 m

Abb. 3.7 – Gleisplan 6

Plan 7: Eingleisige Bahn mit drei Zügen

Diese eingleisige Modellbahn fußt auf einem Gleisoval, auf dem wegen der langen Strecken problemlos bis zu drei Züge gleichzeitig unterwegs sein können. Zahlreiche Fahrkombinationen ergeben sich aus den rechten Halbkreisen, über die Sie die Fahrtrichtung eines Zuges umkehren können. Für nicht benötigte Züge stehen ausreichend lange Abstellgleise bereit. Die Anlage ist mit 3 m x 2 m für eine H0-Bahn ziemlich groß. Vor allem die Tiefe des Eisenbahnbretts ist nicht zu unterschätzen, weil Sie den hinteren Anlagenteil nicht mehr ohne Weiteres von vorne erreichen können. Die Lösung des Problems sind Löcher, die Sie in die Grundplatte sägen und mit verschiebbaren Gebäuden gut verstecken können.

Stückliste

Gleisbezeichnung	Anzahl	Gleistyp
6120	30	Gebogenes Gleis, 36 Grad, Radius 356.5 mm
6101	24	Gerades Gleis, Länge 200 mm
6106	12	Gerades Flexgleis, Länge 800 mm
6138	9	Gebogenes Gleis, 18 Grad, Radius 647 mm
6107	8	Gerades Gleis, Länge 10 mm
6125	8	Gebogenes Gleis, 36 Grad, Radius 420 mm
6122	7	Gebogenes Gleis, 18 Grad, Radius 356.5 mm
6173	5	Elektrische Normalweiche rechts
6116	5	Prellbockgleis
6172	4	Elektrische Normalweiche links
6127	2	Gebogenes Gleis, 18 Grad, Radius 420 mm
6158	2	Elektrische Dreiwegweiche
6102	2	Gerades Gleis, Länge 105 mm
6160	1	Kreuzung mit Winkel, 36 Grad
6176	1	Elektrische Bogenweiche links
6177	1	Elektrische Bogenweiche rechts
6167	1	Doppelte Rechtskreuzungsweiche elektrisch

Anlagen-Daten
Spurweite: H0
Gleistyp: Fleischmann H0-Profi-Gleis
System: Zweileiter Gleichstrom
Bodenplatte: 300 cm x 200 cm
Gleislänge: ca. 32 m

Abb. 3.8 – Gleisplan 7

Abb. 3.9 – Mit Wiesen, Bäumen und Straße fein ausgestaltete Modellbahn.

Plan 8: Spielbahn mit drei Fahrkreisen

Wie viele Kreise diese Anlage beinhaltet, lässt sich nicht klar beantworten. Zuerst fällt der große äußere Hauptkreis auf. Innen liegt ein weiterer, der wiederum zwei kleine Kreise enthält, sodass drei Züge unabhängig voneinander fahren können. Über Verbindungsgleise ist der Wechsel zwischen den Routen möglich. Daraus ergeben sich zahlreiche Spielvariationen, bei denen Sie Züge kreuz und quer schicken können. Voraussetzung ist wie gehabt eine digitale Steuerung. Einige Abstellgleise komplettieren die Modellbahn. Sie sind so angeordnet, dass man sie teilweise auch als Firmenanschlussgleise nutzen kann, da ausreichend Platz für Gebäude geblieben ist.

Stückliste

Gleisbezeichnung	Anzahl	Gleistyp
6024	16	Gebogenes Gleis, 45 Grad, Radius 357 mm
6001	15	Gerades Gleis, Länge 204 mm
6030	12	Gebogenes Gleis, 30 Grad, Radius 415 mm
6026	8	Gebogenes Gleis, 15 Grad, Radius 357 mm
6006	5	Gerades Flexgleis, Länge 981 mm
6002	5	Gerades Gleis, Länge 102 mm
6072	4	Elektrische Weiche links, Radius 415 mm, 15 Grad
6016	4	Prellbockgleis
6020	4	Gebogenes Gleis, 60 Grad, Radius 250 mm
6073	4	Elektrische Weiche rechts, Radius 415 mm, 15 Grad
6003	2	Gerades Gleis, Länge 55 mm
6066	2	Doppelte Kreuzungsweiche, 15 Grad, elektrisch
6076	1	Bogenweiche links elektrisch
6077	1	Bogenweiche rechts elektrisch

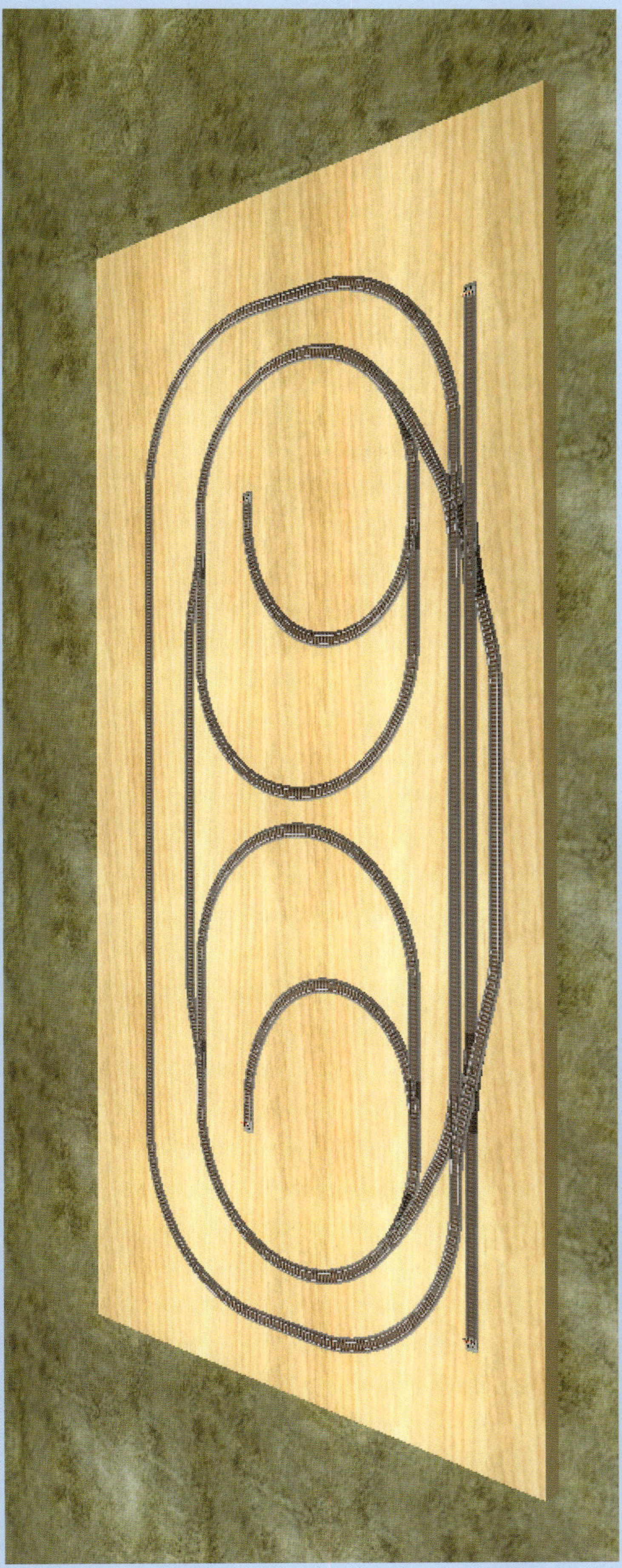

Anlagen-Daten
Spurweite: H0
Gleistyp: Fleischmann H0-Modell-Gleis
System: Zweileiter Gleichstrom
Bodenplatte: 270 m x 130 cm
Gleislänge: ca. 25 m

Abb. 3.10 – Gleisplan 8

Plan 9: Abwechslungsreicher Spiel- und Rangier-Betrieb

Diese Modellbahn hält zahlreiche Fahroptionen bereit, die einen abwechslungsreichen Spielbetrieb ermöglichen. Kern ist eine zweigleisige, nicht über den gesamten Bereich parallel geführte Hauptstrecke. Die großzügige Bahnhofsgestaltung bietet ausreichend Raum, um auch größere Bahnsteige und Gebäude unterzubringen. Als Bahnbetriebsstätte im Inneren der Anlage kommt ein Lokschuppen infrage. Der Bahnbetriebsbereich besitzt außerdem zwei Gleisanschlüsse zum inneren Hauptgleis und ermöglicht so einen alternativen Fahrweg. Da in diesem Bereich jedoch enge Kurven liegen, ist dieser Weg nur bedingt für längere Wagen geeignet. Die auf der Modellbahn verteilten Abstellgleise laden gemeinsam mit dem Bahnbetriebsbereich auch zum Rangieren ein. Einige Gleise eignen sich vor allem für Ladetätigkeiten. Der zeitgleiche Fahr- und Rangier-Betrieb auf allen Gleisen ist selbstverständlich nur digital gesteuert in vollem Umfang möglich. Nicht nur der Bahnhofsbereich, auch die Gestaltung der Landschaft lässt Spielraum zu. Sie können einen Teil der Hauptstrecke untertunneln und so die Grundplatte mit einem Berg aufwerten.

Stückliste

Gleisbezeichnung	Anzahl	Gleistyp
6101	57	Gerades Gleis, Länge 200 mm
6120	20	Gebogenes Gleis, 36 Grad, Radius 356.5 mm
6106	17	Gerades Flexgleis, Länge 800 mm
6138	9	Gebogenes Gleis, 18 Grad, Radius 647 mm
6125	8	Gebogenes Gleis, 36 Grad, Radius 420 mm
6173	8	Elektrische Normalweiche rechts
6172	8	Elektrische Normalweiche links
6116	7	Prellbockgleis
6122	6	Gebogenes Gleis, 18 Grad, Radius 356.5 mm
6127	4	Gebogenes Gleis, 18 Grad, Radius 420 mm
6102	3	Gerades Gleis, Länge 105 mm
6158	2	Elektrische Dreiwegweiche
6166	1	Doppelte Linkskreuzungsweiche, elektrisch
6167	1	Doppelte Rechtskreuzungsweiche, elektrisch
6176	1	Elektrische Bogenweiche links
6177	1	Elektrische Bogenweiche rechts

Anlagen-Daten
Spurweite: H0
Gleistype: Fleischmann H0-Profi-Gleis
System: Zweileiter Gleichstrom
Bodenplatte: 400 cm x 160 cm
Gleislänge: ca. 40 m

Abb. 3.11 – Gleisplan 9

Plan 10: Gebirgsbahn in mehreren Ebenen

Diese eingleisige Eisenbahnanlage der N-Spurweite hat ihren Reiz in der großzügigen und vor allem in der in mehreren Ebenen, zum Großteil durch Berge verlaufenden Strecke. Der Hauptbahnhof ist viergleisig ausgeführt und besitzt ausreichend Platz für gerade nicht benötigte Züge. Die Abstellgleise kommen für ein Firmengelände mit Ladetätigkeit oder eine kleine Bahnbetriebsstätte infrage. Um das gesamte Areal attraktiv zu gestalten, ist es etwas schief, also nicht parallel zur Brettkante angeordnet, was allerdings eine etwas tiefere Grundplatte erfordert. Nachdem der Zug den Hauptbahnhof verlässt, führt die zum Teil in Tunneln geführte Strecke zunächst auf ein Hochplateau mit einem kleinen Bahnhof mit je einem Ausweich- und Lade-Gleis. Nachdem der Zug diesen Bahnhof passiert hat, fährt er in einen Gebirgs-

Stückliste

Gleisbezeichnung	Anzahl	Gleistyp
22203	31	Gerades Gleis, Länge 104.2 mm
22202	16	Gerades Gleis, Länge 312.6 mm
22225	13	Gebogenes Gleis, 15 Grad, R4 = 329 mm
22222	11	Gebogenes Gleis, 30 Grad, R2 = 228.2 mm
22261	9	Elektroweiche links, 15 Grad
22227	9	Gebogenes Gleis, 15 Grad, R6 = 480 mm
22204	8	Gerades Gleis, Länge 54.2 mm
22216	8	Prellbock
22205	6	Gerades Gleis, Länge 50 mm
22206	6	Gerades Gleis, Länge 33.6 mm
22224	6	Gebogenes Gleis, 30 Grad, R3a = 295.4 mm
22223	5	Gebogenes Gleis, 30 Grad, R3 = 261.8 mm
22263	5	Elektroweiche rechts, 15 Grad
22228	3	Gebogenes Gleis, 12 Grad, R7 = 765 mm
22201	3	Gebogenes Gleis, 6 Grad, R2 = 228.2 mm
22234	3	Gebogenes Gleis, 6 Grad, R2 = 228.2 mm
22221	2	Gebogenes Gleis, 30 Grad, R1 = 194.6 mm
22207	2	Gerades Gleis, Länge 17.2 mm
22232	1	Gebogenes Gleis, 6 Grad, R1 = 194.6 mm
22247	1	Elektro-Dreiwegweiche, 15 Grad

Anlagen-Daten

Spurweite: N
Gleistyp: Roco-N-Gleis
System: Zweileiter Gleichstrom
Bodenplatte: 250 cm x 150 cm
Gleislänge: ca. 21 m

stock und dort in einen Halbkreis. Am Ende des Tunnels verläuft die Strecke über eine Brücke über eine Schlucht. Die Strecke führt diagonal über die Grundplatte und allmählich über eine Rampe im Halbkreis wieder nach unten. Zuletzt fährt der Zug unter der bereits erwähnte Brücke hindurch und anschließend wieder zum Hauptbahnhof. Die lange Strecke ermöglicht es, mehrere Züge gleichzeitig fahren zu lassen. Die Landschaft erlaubt, die Berge schön zu gestalten und eine Reihe von Häusern aufzustellen. Neben einer dörflichen Ansiedlung kommen auch eine Burgruine und eine einsame Bergkapelle infrage.

Abb. 3.12 – Gleisplan 10

Kleinere H0-Bahn mit viel Spielvarianten

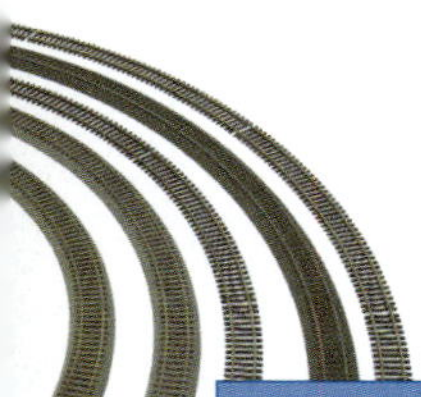

Dieser Gleisplan beweist, dass H0-Modellbahnen nicht allzu groß sein müssen und trotzdem viele Spielvarianten liefern können. Der Reiz liegt in der nur rund zur Hälfte sichtbaren Hauptstrecke, die sich auf den dreigleisigen Bahnhofsbereich konzentriert. Von dort

Stückliste

Gleisbezeichnung	Anzahl	Gleistyp
Mä2209	15	Gleis gerade, Länge 217.9 mm
Mä7548	13	Unterflur Zurüstsatz K-Gleis
Mä2231	11	Gleis gebogen, 1/1 Radius 424.6 mm, Normalkreis II
Mä7547L	8	Weichenlaterne K-Gleis (linke Weiche)
Mä2200	7	Gleis gerade, 1/1 Länge 180 mm
Mä2262	7	Weiche links, r = 424.6 mm (2261L)
Mä2205	6	Flexgleis gerade, Länge 900 mm
Mä2210	6	Gleis gebogen, 1/1 Radius 295.4 mm, Industriekreis
Mä2263	5	Weiche rechts, r = 424.6 mm (2261R)
Mä7389	5	Prellbock mit beleuchtetem Sperrsignal
Mä7547R	5	Weichenlaterne K-Gleis (rechte Weiche)
Mä2201	4	Gleis gerade, 1/2 Länge 90 mm
Mä2202	4	Gleis gerade, 1/4 Länge 45 mm
Mä2232	4	Gleis gebogen, Radius 424.6 mm, Gegenbogen
Mä2207	3	Gleis gerade, Länge 156 mm
Mä2203	3	Gleis gerade, 1/6 Länge 30 mm
Mä2208	2	Gleis gerade, Länge 35.1 mm
Tunnel	2	Tunnelportal eingleisig
Mä2206	1	Gleis gerade, Länge 168.9 mm
Mä2251	1	Gleis gebogen, 1/1 Radius 618.5 mm, Großkreis II
Mä2241	1	Gleis gebogen, 1/1 Radius 553.9 mm, Großkreis I
Mä2221	1	Gleis gebogen, 1/1 Radius 360 mm, Normalkreis I
Mä2269	1	Kurvenweiche rechts, Normalkreis I (2267R)
Mä7549	1	Elektromagnetischer Weichenantrieb K-Gleis
Mä2205	1	Flexgleis, Länge 11.3 cm

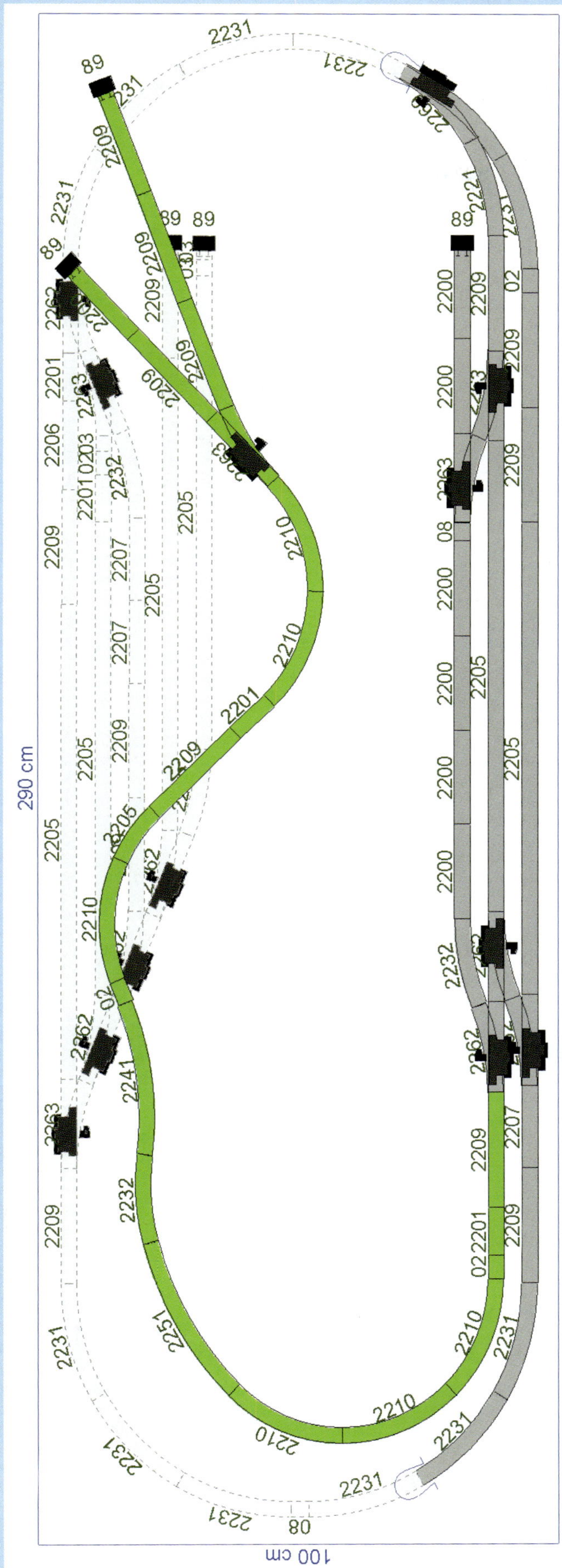

Abb. 3.13 – Gleisplan 11

Anlagen-Daten

Spurweite: H0
Gleistype: Märklin-H0-K-Gleis
System: Dreileiter Wechselstrom
Bodenplatte: 290 cm x 100 cm
Gleislänge: 19,0 m

zweigt eine Alpinbahn ab, die sich auf den Berg schlängelt. Auf dem Berg passiert sie eine Haltestelle, die ein separates Anschlussgleis besitzt, wo Sie beispielsweise einen Forstbetrieb aufbauen können. Die meisten Züge dieser Modellbahn kann man unterirdisch abstellen, wo auch ein zweiter, etwas größerer Bahnhof liegt, der je zwei Ausweich- und Abstell-Gleise besitzt. Aus diesem Aufbau ergeben sich interessante Spielmöglichkeiten. Sie können beispielsweise im Tal einen Zug mit Waggons zusammenstellen, die zuvor eine Lok vom Berg geholt hat. Der unterirdische Bahnhof sorgt für Überraschungseffekte, da andere Züge den Tunnel verlassen, als in ihn hineinfahren. Die Modellbahn lässt außerdem viel Platz, um die Landschaft zu gestalten. Sie können bequem eine kleine Ortschaft mit Bahnhofsgebäude unterbringen. Am Berg kann an einer Seite eine Burgruine thronen, und über einen Weg erreichen Wanderer einen Berggasthof.

Plan 12: Kompakte Spielbahn

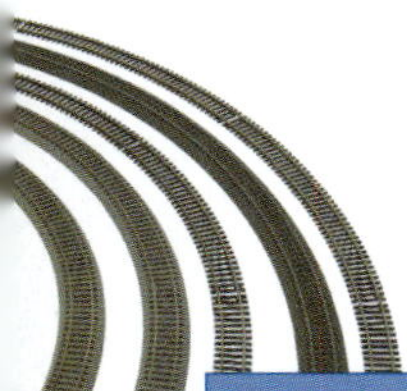

Diese Modellbahn verzichtet auf die Alpinbahn und den unterirdischen Bahnhof nach Gleisplan 11, ermöglicht aber einen zweigleisigen Fahrbetrieb. Dadurch kann man diese Bahn deutlich einfacher und preiswerter aufbauen. Ein- und Ausfahr-Gleis liegen auf verschie-

Stückliste

Gleisbezeichnung	Anzahl	Gleistyp
Mä2231	13	Gleis gebogen, 1/1 Radius 424.6 mm, Normalkreis II
Mä7548	13	Unterflur Zurüstsatz, K-Gleis
Mä2221	10	Gleis gebogen, 1/1 Radius 360 mm
Mä2209	9	Gleis gerade, Länge 217.9 mm
Mä7547L	9	Weichenlaterne K-Gleis (linke Weiche) Normalkreis II
Mä2200	9	Gleis gerade, 1/1 Länge 180 mm
Mä2205	6	Flexgleis gerade, Länge 900 mm
Mä2262	6	Weiche links, r = 424.6 mm (2261L)
Mä2263	4	Weiche rechts, r = 424.6 mm (2261R)
Mä7547R	4	Weichenlaterne K-Gleis (rechte Weiche)
Mä2201	4	Gleis gerade, 1/2 Länge 90 mm
Mä2210	4	Gleis gebogen, 1/1 Radius 295.4 mm, Industriekreis
Mä2210	4	Gleis gebogen, 1/1 Radius 295.4 mm, Industriekreis
Mä7547R	4	Weichenlaterne K-Gleis (rechte Weiche)
Mä2207	3	Gleis gerade, Länge 156 mm
Mä2203	3	Gleis gerade, 1/6 Länge 30 mm
Mä2232	3	Gleis gebogen, Radius 424.6 mm, Gegenbogen
Mä7389	3	Prellbock mit beleuchtetem Sperrsignal
Mä2202	2	Gleis gerade, 1/4 Länge 45 mm
Mä2260	2	Doppelte Kreuzungs-Weiche, Normalkreis II
Mä2208	2	Gleis gerade, Länge 35.1 mm
Mä2233	2	Gleis gebogen, 1/2 Radius 424.6 mm, Normalkreis I
Mä2224	1	Gleis gebogen, 1/4 Radius 360 mm, Normalkreis I
Mä2269	1	Kurvenweiche rechts, Normalkreis I (2267R)
Mä7549	1	Elektromagnetischer Weichenantrieb K-Gleis
Mä2206	1	Gleis gerade, Länge 168.9 mm

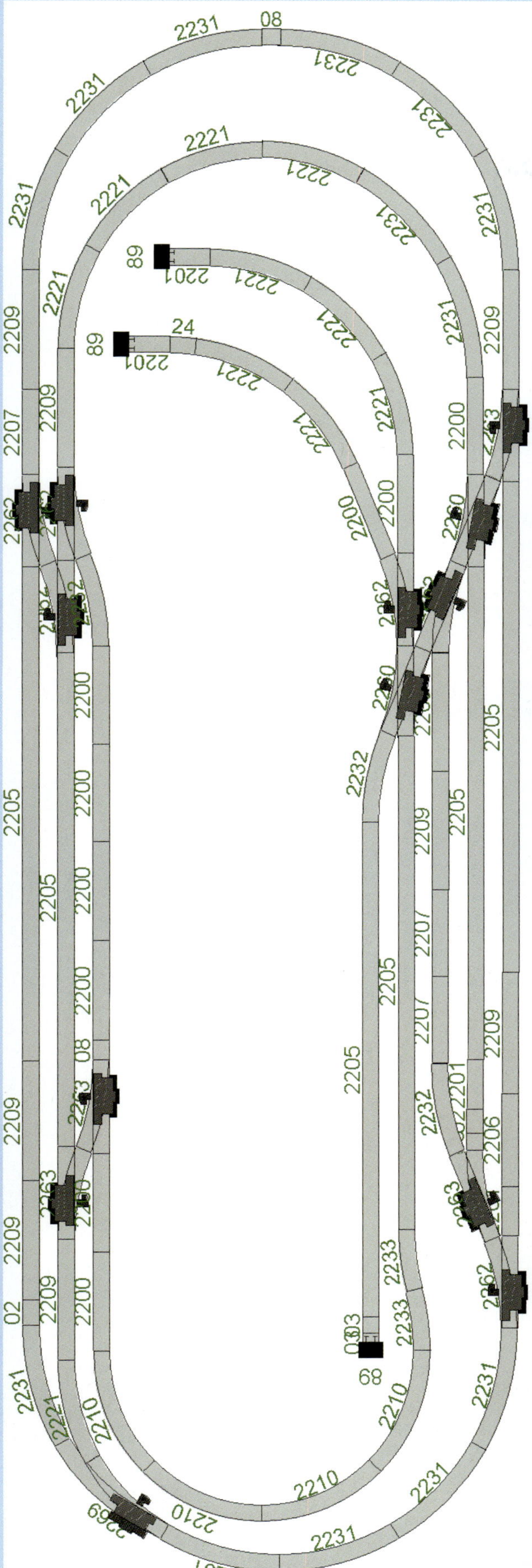

denen Bahnsteigen, sodass man besonders auf korrekt gestellte Weichen achten muss. Außerdem sind die Abstellgleise nicht allzu lang. Wenn Sie allerdings eine um 10 cm tiefere Grundplatte wählen, können Sie auch ein langes Abstellgleis verlegen. Alternativ kann man im inneren Bereich der Anlage weniger Gebäude und dafür mehr Abstellgleise aufbauen.

Anlagen-Daten
Spurweite: H0
Gleistyp: Märklin-H0-K-Gleis
System: Dreileiter Wechselstrom
Bodenplatte: 290 cm x 100 cm
Gleislänge: 18,9 m

Abb. 3.14 – Gleisplan 12

Plan 13: Kompakte Spielbahn mit viel Rangierbetrieb

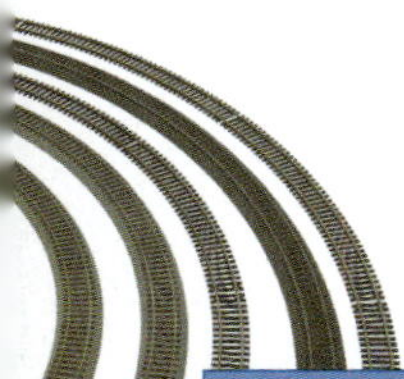

Wer eine kompakte H0-Spielbahn mit vielen Abstellgleisen und anspruchsvollem Rangierbetrieb sucht, wird mit dieser Anlage seine Freude haben. Kernstück der zweigleisigen Strecke ist der großzügige Bahnhof. Er besitzt neben vier Durchfahrtsgleisen auch zwei besonders lange Abstellgleise für sehr lange Züge. Im hinteren Bereich liegt ein kleiner Frachtbahnhof mit drei längeren und einem kurzen Abstellgleis. Neben dem umfangreichen Rangierbetrieb erlaubt diese Anlage, mindestens zwei Züge gleichzeitig fahren zu lassen. Man kann die Modellbahn außerdem mit Bahnhofs- und Bahnbetriebs-Gebäuden sowie Häusern aufpeppen und so die zur Verfügung stehende Fläche optimal nutzen.

Stückliste

Gleisbezeichnung	Anzahl	Gleistyp
Fl6101	49	Gerades Gleis, Länge 200 mm
Fl6103	9	Gerades Gleis, Länge 100 mm
Fl6120	8	Gebogenes Gleis, 36 Grad, Radius 356.5 mm
Fl6441	8	Elektromagnetischer Weichenantrieb „links"
Fl6107	7	Gerades Gleis, Länge 10 mm
Fl6138	7	Gebogenes Gleis, 18 Grad, Radius 647 mm
Fl6125	6	Gebogenes Gleis, 36 Grad, Radius 420 mm
Fl6442	6	Elektromagnetischer Weichenantrieb „rechts"
Fl6122	5	Gebogenes Gleis, 18 Grad, Radius 356.5 mm
Fl6106	4	Gerades Flexgleis, Länge 800 mm
Fl6117	4	Prellbock mit Gleissperrsignal
Fl6127	3	Gebogenes Gleis, 18 Grad, Radius 420 mm
Fl6170	3	Normalweiche links für Handbetrieb
Fl6171	3	Normalweiche rechts für Handbetrieb
Fl6174	2	Bogenweiche links für Handbetrieb
Fl6175	2	Bogenweiche rechts für Handbetrieb
Fl6116	2	Prellbockgleis
Fl6164	2	Doppelte Linkskreuzungsweiche für Handbetrieb
Fl6157	1	Dreiwegweiche für Handbetrieb

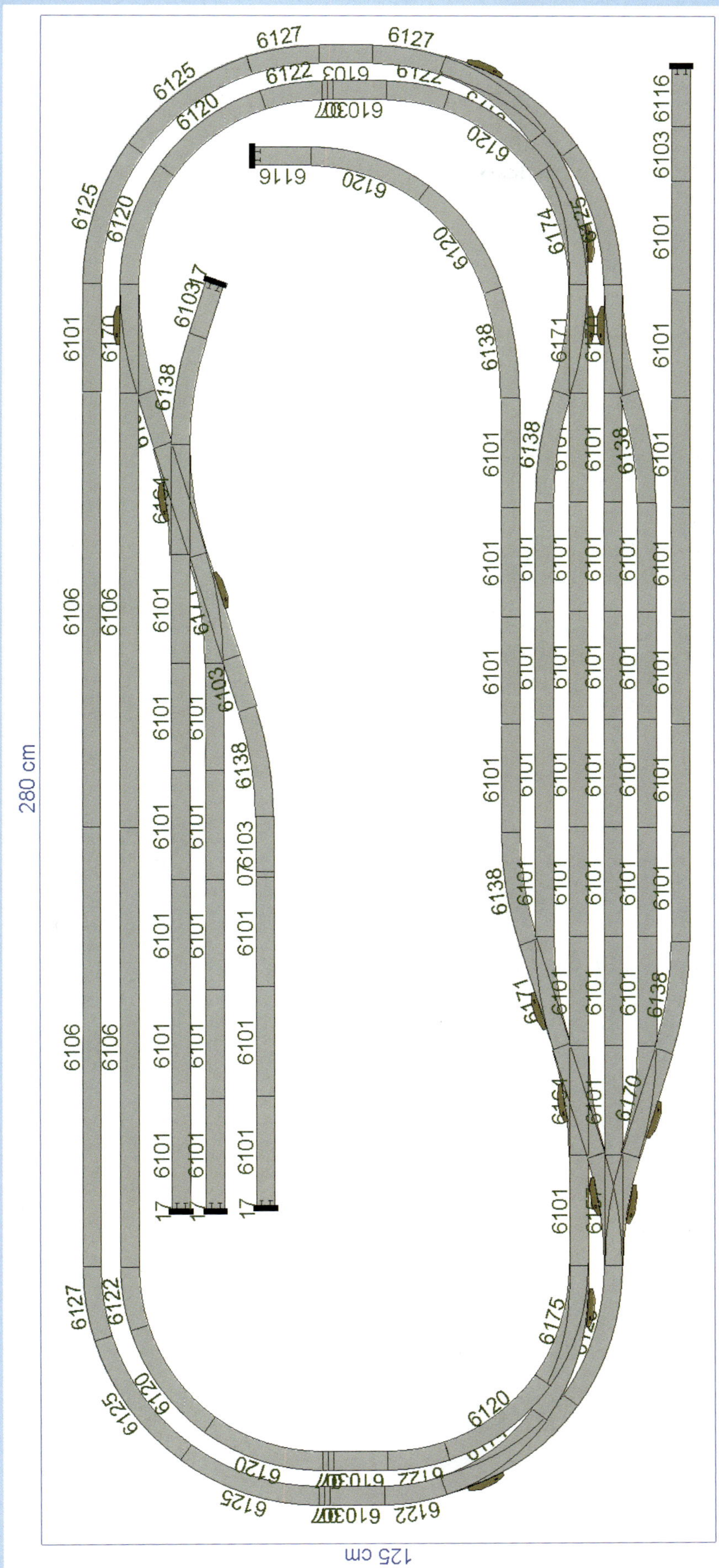

Anlagen-Daten

Spurweite: H0
Gleistype: Fleischmann-Profi-Gleis
System: Zweileiter Gleichstrom
Bodenplatte: 280 cm x 125 cm
Gleislänge: 22,8 m

Abb. 3.15 – Gleisplan 13

Abb. 3.16 – Die kleinere Modellbahn-Anlage lässt genug Platz, um Gebäude aufzustellen und Wälder anzulegen.

ÖBB

Plan 14: Besonderes Gleisoval in zwei Ebenen

Diese Modellbahn besitzt ein Gleisoval, bei dem die beiden Geraden als Kurven ausgeführt sind. Beide Kurvenstrecken sind außerdem auf der rechten Seite konzentriert, was den Eindruck einer zweigleisigen Streckenführung erweckt. Durch die in zwei Ebenen verlegten Schienen verstärkt sich dieser Eindruck. Sie haben die Möglichkeit, eine bergige Landschaft zu gestalten, da die Hälfte der Gleisstrecke durchs Gebirge führt. Auf Grund der vielen Kurven bleibt allerdings kaum Platz für zusätzliche Gleise – es sei denn, Sie verwenden eine Bogenweiche, deren Außenradius in etwa den Gleisradien entspricht. Die verlegten Kurvenradien und damit der große Platzbedarf lassen sich verringern, wenn die Schienen nicht an einen bestimmten Hersteller gebunden sind. In diesem Fall können Sie Modelle eines anderen Herstellers mit geringeren Radien verlegen. Infrage kommen auch Flexgleise, bei denen Sie die verlegten Radien selbst festlegen. Die Kurvenradien sollten allerdings nicht zu gering werden, weil sonst vor allem Schnellzugwagen entgleisen können.

Anlagen-Daten

Spurweite: H0
Gleistyp: Märklin-H0-Kunststoff-Gleis
System: Dreileiter Wechselstrom
Bodenplatte: 210 cm x 140 cm
Gleislänge: 10,4 m

Stückliste

Gleisbezeichnung	Anzahl	Gleistyp
Mä24130	16	Gleis gebogen, 1/1 Radius 360 mm
Mä24236	9	Gleis gerade, Länge 236.1 mm
Mä24530	6	Gleis gebogen, Radius R5 = 643.6 mm
Mä2205	6	Flexgleise mit je 29.2 cm
Mä24094	2	Gleis gerade, Länge 94.2 mm
Mä24230	2	Gleis gebogen, 1/1 Radius 437.5 mm
Mä24215	2	Gleis gebogen, 1/2 Radius 437.5 mm
Mä24115	2	Gleis gebogen, 1/2 Radius 360 mm
Tunnel	2	Tunnelportal eingleisig
Mä24071	1	Gerades Gleis mit abnehmbarer Böschung, Länge 70.8 mm
Mä24077	1	Gleis gerade, Länge 77.5 mm
Mä24229	1	Gleis gerade, Länge 229.3 mm

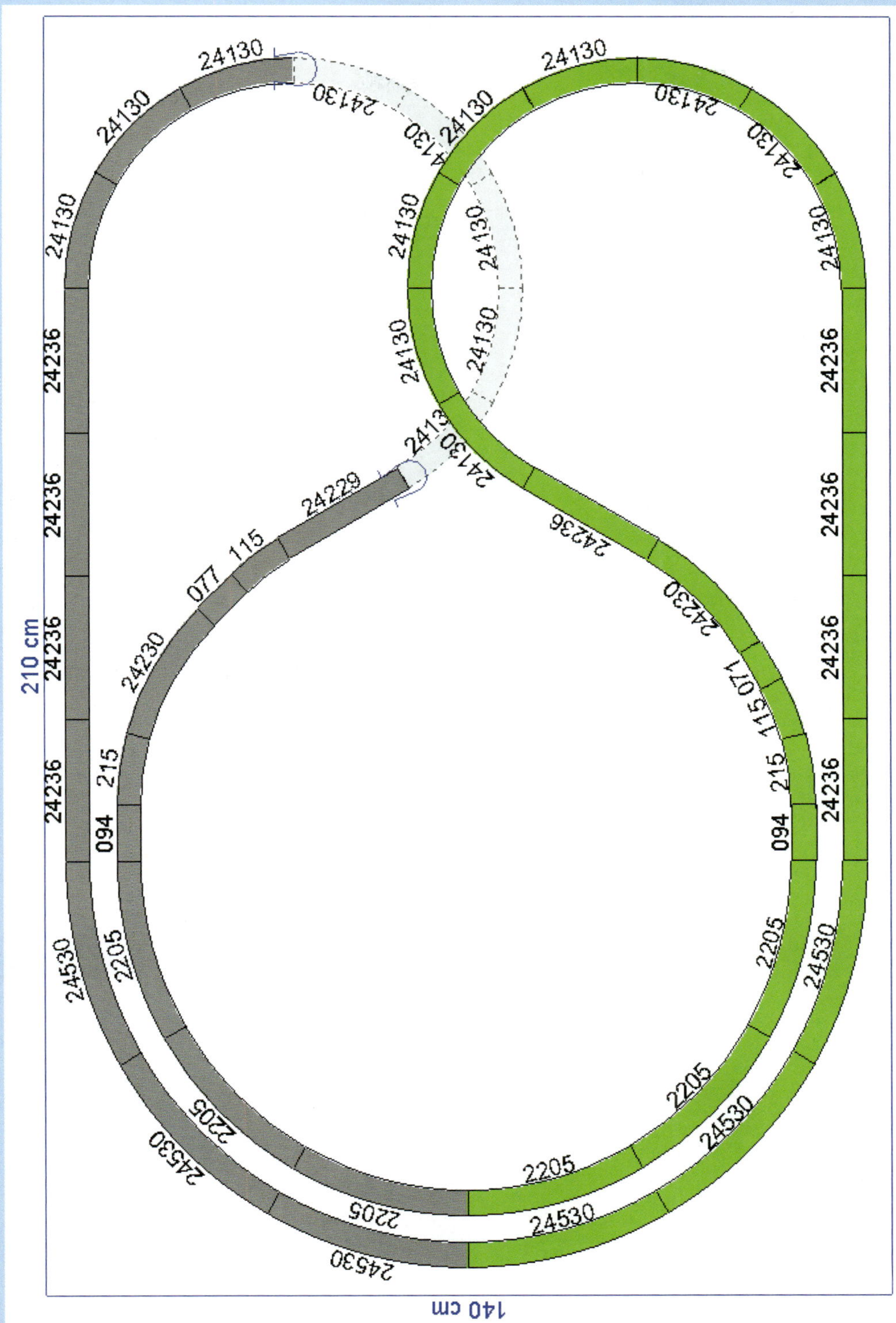

Abb. 3.17 –
Gleisplan 14

Plan 15: Winzige Bergbahn mit Gebirgslandschaft

Dieser sehr platzsparende Gleisplan für die Spurweite Z passt mit einer Fläche von 85 cm x 45 cm sogar auf eine Kommode. Die Schienen sind einfach verlegt und beschränken sich auf ein Gleisoval mit einer innen liegenden „8“. Um einen kreuzungsfreien Fahrbetrieb zu realisieren, ist die Anlage als Bergbahn ausgeführt. Der grün gezeichnete Teil des Schienenstrangs führt über Rampen zu einer kleinen Gebirgslandschaft mit Tunnel und Brücke. Da Waggons und Loks der Spurweite Z nur rund 2 cm hoch sind, verlangt der Aufbau dieses Gleisplans etwas Erfahrung mit einer Modelleisenbahn. Da auf der Grundplatte nur wenige Gleise verlegt sind, haben Sie Platz, um ein kleines Dorf aufzustellen oder einen Wald mit Wegen und Wanderpfaden anzulegen.

Stückliste

Gleisbezeichnung	Anzahl	Gleistyp
Mä8510	13	Gleis gebogen, Radius 145 mm, 45 Grad
Mä8520	4	Gleis gebogen, Radius 195 mm, 45 Grad
Mä8505	4	Gleis gerade, Länge 220 mm
Mä8503	2	Gleis gerade, Länge 55 mm
Mä8504	2	Gleis gerade, Länge 25 mm
Mä8530	2	Gleis gebogen, Radius 220 mm, 45 Grad
Tunnel	2	Tunnelportal eingleisig
Mä8500	1	Gleis gerade, Länge 110 mm
Mä8521	1	Gleis gebogen, Radius 195 mm, 30 Grad
Mä8591	1	Gleis gebogen, Radius 490 mm, Gegenbogen
Mä8592	1	Ausgleichs-Gleis gerade, Länge 104 mm

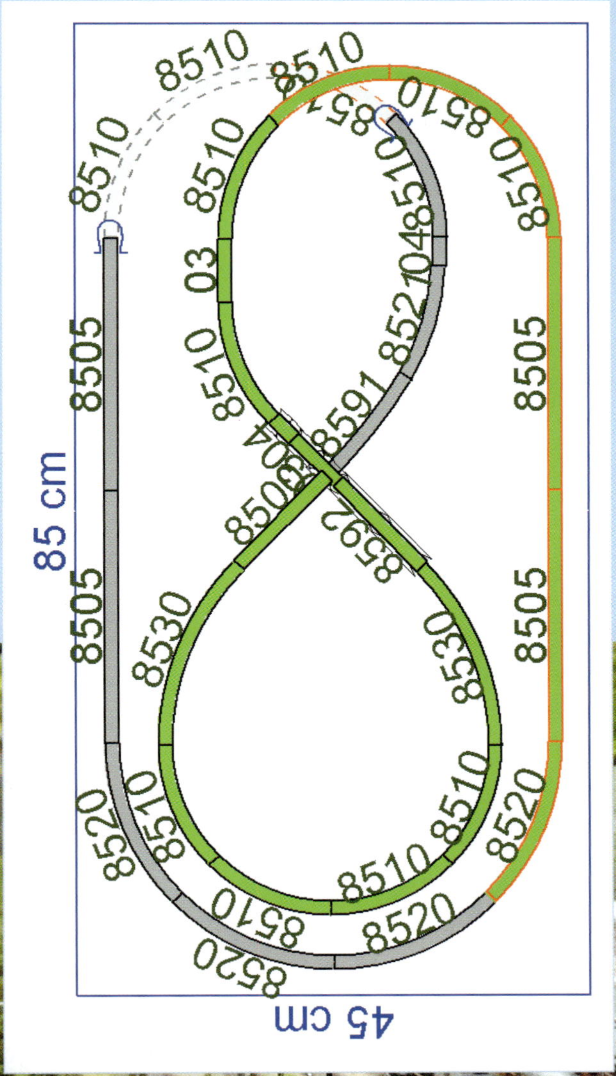

Anlagen-Daten

Spurweite: Z
Gleistyp: Märklin-Z-Gleis
System: Zweileiter Gleichstrom
Bodenplatte: 85 cm x 45 cm
Gleislänge: 3,9 m

Abb. 3.18 – Gleisplan 15

Plan 16: Großes TT-Gleisoval für wenig Platz

Wie wenig Platz eine Modelleisenbahn der TT-Spur benötigt, zeigt dieser Gleisplan, den Sie mit einer Modellbahn-Startpackung und wenigen zusätzlichen Schienen bauen können. Auf einer 160 cm x 65 cm kleinen Grundplatte ist ein großzügiges Gleisoval untergebracht. Mehrere Abstellgleise und eine Kehrschleife in der Mitte der Anlage garantieren auf kleinstem Raum einen spannenden und abwechslungsreichen Spielbetrieb. Die Fahrtrichtung des Zuges ändert sich durch zweimaliges Verschieben des Zuges auf einem Abstellgleis. Obwohl diese Modellbahn nur einen eingleisigen Fahrbetrieb

Anlagen-Daten

Spurweite: TT
Gleistyp: Tillig TT-Standard-Gleis
System: Zweileiter Gleichstrom
Bodenplatte: 160 cm x 65 cm
Gleislänge: 9,8 m

Stückliste

Gleisbezeichnung	Anzahl	Gleistyp
Ti06110	18	Gleis gerade G1, Länge 228 mm
Ti06210	8	Gleis gebogen R10, R286 / 45 Grad
Ti07950	8	Prellbock
Ti06120	7	Gleis gerade G2, Länge 114 mm
Ti06150	7	Gleis gerade G5, Länge 14.5 mm
Ti06130	5	Gleis gerade G3, Länge 105 mm
Ti06140	5	Gleis gerade G4, Länge 57 mm
Ti06310	5	Gleis gebogen R20, R330 / 22.5 Grad
Ti06813	5	Elektrische Weiche links, R286 / 22.5 Grad
Ti06220	4	Gleis gebogen R11, R286 / 22.5 Grad
Ti06814	3	Elektrische Weiche rechts, R286 / 22.5 Grad
Ti06860	1	Doppelte Kreuzungsweiche

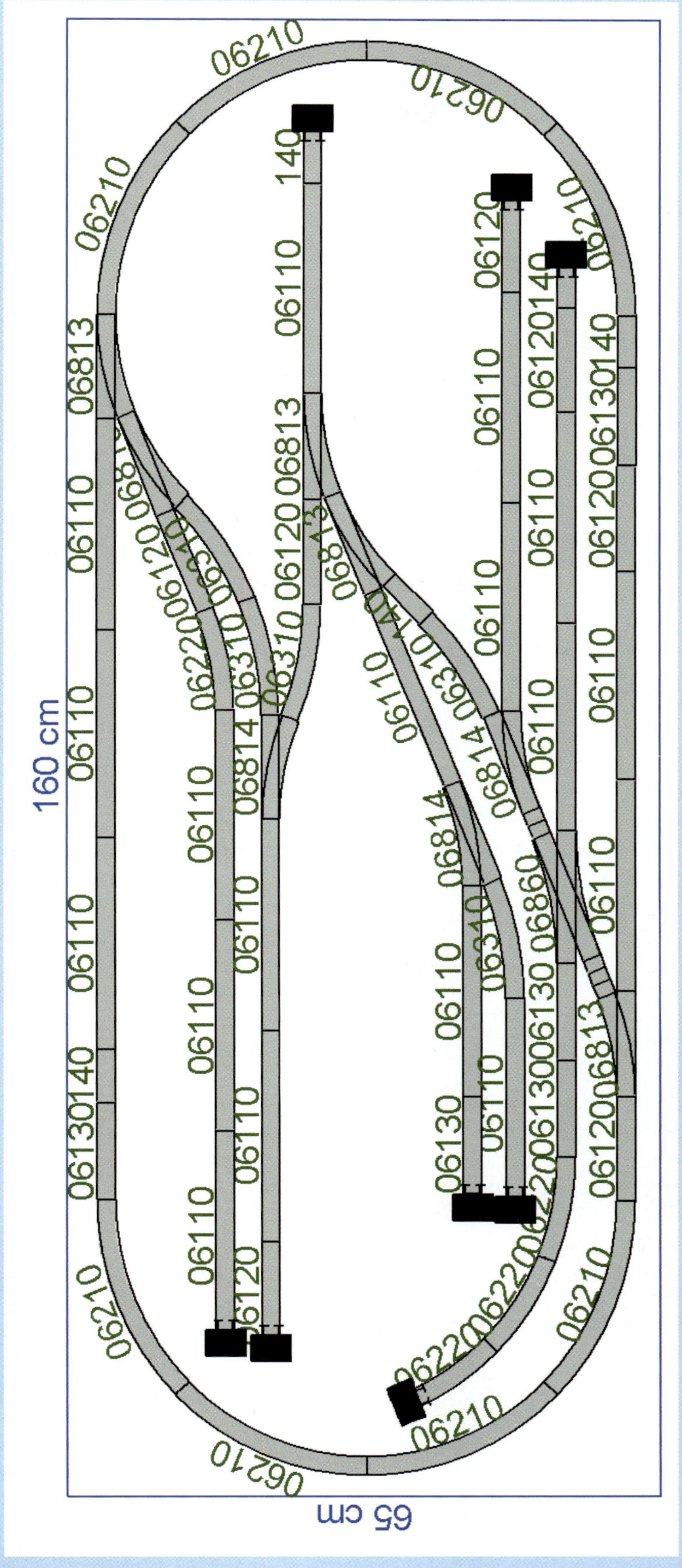

zulässt, können Sie zeitgleich mindestens zwei Züge oder Lokomotiven fahren lassen. Mit digitaler Steuerung kann eine Lok im Zentrum einen neuen Zug zusammenstellen, während ein zweiter auf dem Gleisoval seine Runden zieht.

Abb. 3.19 – Gleisplan 16

Plan 17: Gleise in „8"-Form auf zwei Ebenen

Die klassische „8" als Schienenstrecke ist bei diesem Gleisplan auf zwei Ebenen verlegt, um so den Spaß beim Eisenbahnverkehr zu erhöhen. Die im Tal liegenden Gleise überqueren dabei eine Brücke. Sie können zwei Rampen integrieren, wenn die Hügellandschaft großzügig gestaltet ist. Da die „8" als zweispurige Strecke ausgeführt ist, erlaubt sie den Spurwechsel in beide Richtungen. Eine Dreiwegweiche komplettiert die H0-Modellbahn mit mehreren Abstellgleisen, die in einen Kopfbahnhof münden können. Eins der drei Abstellgleise lässt sich außerdem zum Ausweichgleis verlängern. Dazu verlegen Sie die Schienen, wie die zweigleisige Hauptstrecke, unter der Brücke und ersetzen ein gerades Gleisstück durch eine Linksweiche. H0-Modellbahnen mit diesem Aufbau sind etwa das Maximum dessen, was man auf relativ kleinen Grundbrettern unterbringen kann, ohne die Eisenbahnanlage zu überfüllen.

Anlagen-Daten
Spurweite: H0
Gleistyp: Fleischmann-Modell-Gleis H0
System: Zweileiter Gleichstrom
Bodenplatte: 220 cm x 140 cm
Gleislänge: 14,5 m

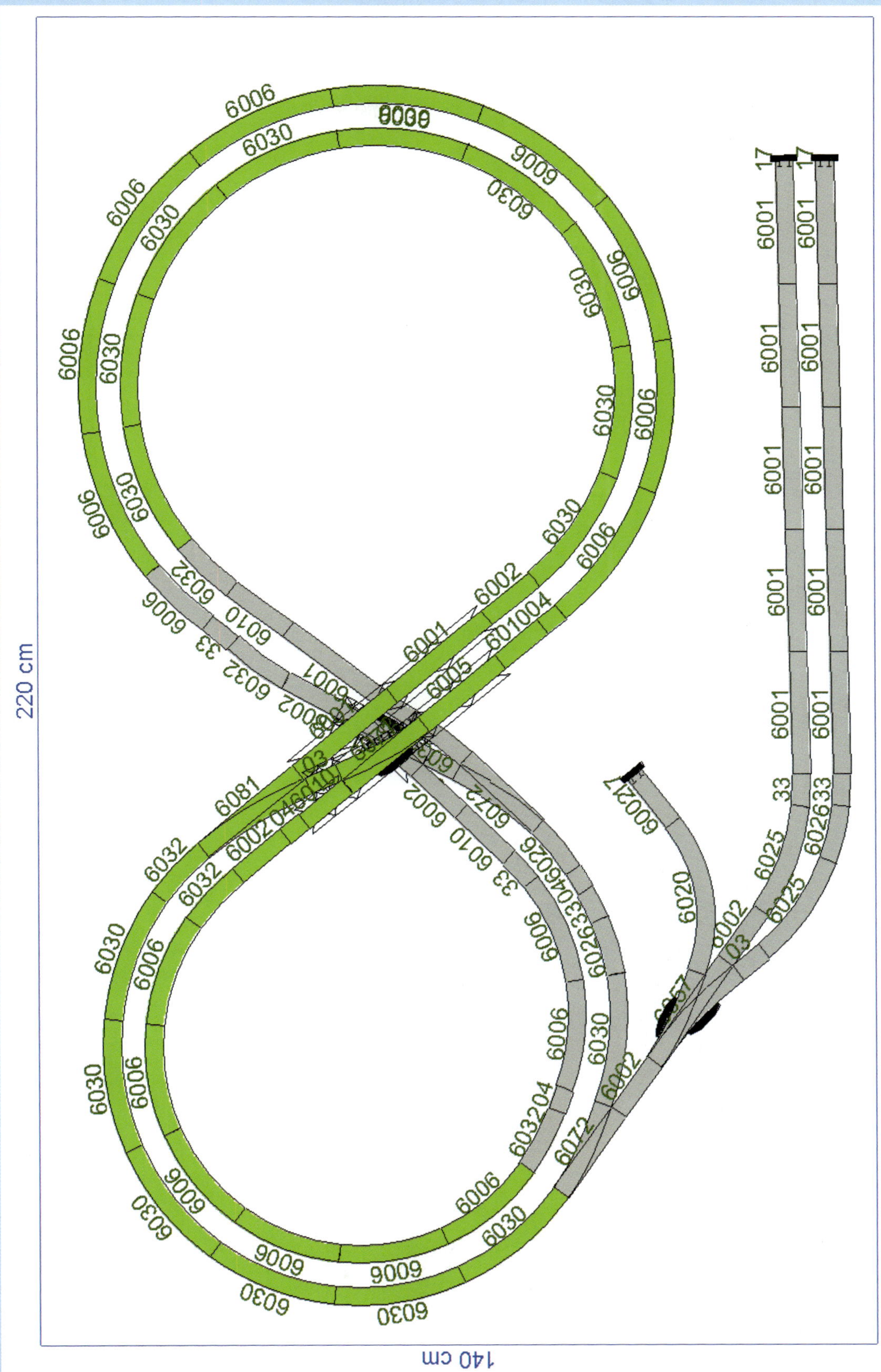

Abb. 3.20 –
Gleisplan 17

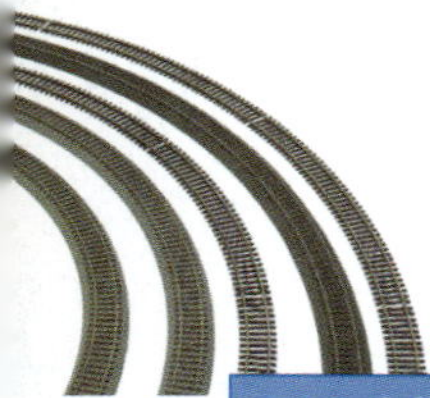

Stückliste

Gleisbezeichnung	Anzahl	Gleistyp
Fl6030	16	Gebogenes Gleis, 30 Grad, Radius 415 mm
Fl6001	13	Gerades Gleis, Länge 204 mm
Fl6006	9	Flexgleis, Länge 25.4 cm
Fl6006	8	Flexgleis, Länge 18.1 cm
Fl6002	7	Gerades Gleis, Länge 102 mm
Fl6032	6	Gebogenes Gleis, 15 Grad, Radius 415 mm
Fl6033	6	Gebogenes Gleis, 7,5 Grad, Radius 415 mm
Fl6004	4	Gerades Gleis, Länge 40 mm
Fl6003	3	Gerades Gleis, Länge 55 mm
Fl6117	3	Prellbock mit Gleissperrsignal
Fl6026	3	Gebogenes Gleis, 15 Grad, Radius 357 mm
Fl6422	3	Elektromagnetischer Weichenantrieb „rechts"
Fl6025	2	Gebogenes Gleis, 30 Grad, Radius 357 mm
Fl6071	2	Handweiche rechts, Radius 415 mm, 15 Grad
Fl6072	2	Elektrische Weiche links, Radius 415 mm, 15 Grad
Fl6010	2	Ausgleichstück, Länge 92 mm
Fl6005	1	Gerades Gleis als Ausgleichsstück, Länge 165 mm
Fl6020	1	Gebogenes Gleis, 60 Grad, Radius 250 mm
Fl6081	1	Elektrische Weiche rechts, Radius 738 mm, 15 Grad
Fl6057	1	Dreiwegweiche für Handbetrieb
Fl6010	1	Ausgleichstück, Länge 111 mm
Fl6010	1	Ausgleichstück, Länge 117 mm
Fl6421	1	Elektromagnetischer Weichenantrieb „links"
Fl6006	1	Flexgleis, Länge 12.7 cm

E6305

Plan 18: „8"-Schienenstrecke mit Bergbahn

Kann die Grundplatte etwas größer sein, können Sie die zweigleisige „8"-Schienenstrecke nach Gleisplan 17 um eine alpine Stichbahn erweitern. Die Bergbahn zweigt vom höchsten Punkt des Hauptgleises ab und ist von beiden Hauptstreckengleisen erreichbar. Sie hat einen Abzweig mit zwei kurzen Verladegleisen, die zu forstwirtschaftlichen Betrieben oder einem Steinbruch führen können. Das Ende der Bergstrecke mündet in einen kleinen Bahnhof mit einem weiteren Abstellgleis. Im Unterschied zur Modellbahn nach Gleisplan 17 führt ein Teil der Hauptstrecke durch einen Tunnel, was diese Anlage zusätzlich aufwertet (Abb. 3.22).

Anlagen-Daten

Spurweite: H0
Gleistyp: Fleischmann-Modell-Gleis H0
System: Zweileiter Gleichstrom
Bodenplatte: 250 cm x 160 cm
Gleislänge: 20,2 m

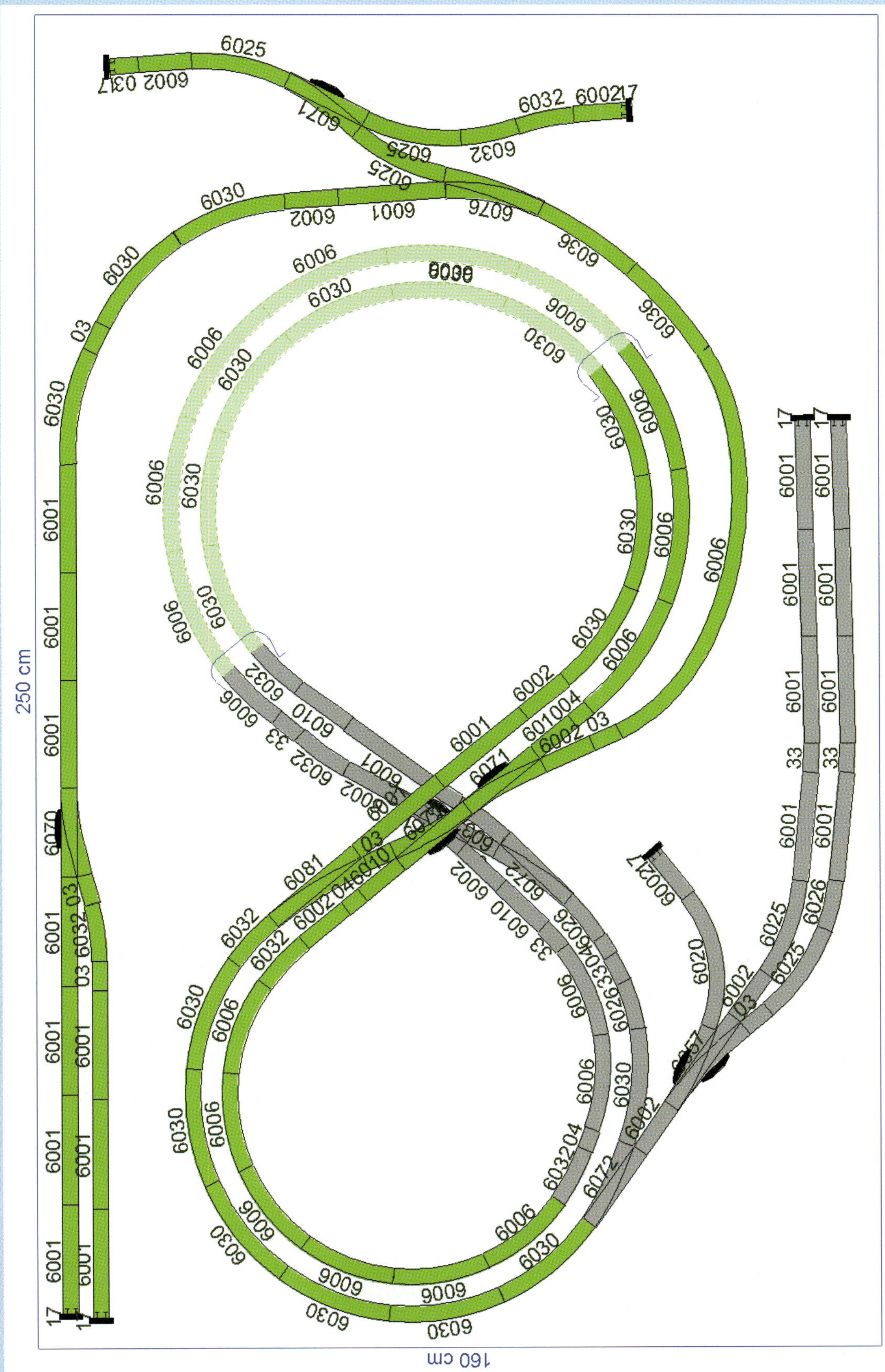

Abb. 3.21 –
Gleisplan 18

Stückliste

Gleisbezeichnung	Anzahl	Gleistyp
Fl6001	22	Gerades Gleis, Länge 204 mm
Fl6030	19	Gebogenes Gleis, 30 Grad, Radius 415 mm
Fl6002	11	Gerades Gleis, Länge 102 mm
Fl6032	9	Gebogenes Gleis, 15 Grad, Radius 415 mm
Fl6006	9	Flexgleis, Länge 25.4 cm
Fl6003	8	Gerades Gleis, Länge 55 mm
Fl6006	8	Flexgleise mit je 18.1 cm Länge
Fl6117	7	Prellbock mit Gleissperrsignal
Fl6033	6	Gebogenes Gleis, 7,5 Grad, Radius 415 mm
Fl6025	5	Gebogenes Gleis, 30 Grad, Radius 357 mm
Fl6422	5	Elektromagnetischer Weichenantrieb „rechts"
Fl6004	4	Gerades Gleis, Länge 40 mm
Fl6071	4	Handweiche rechts, Radius 415 mm, 15 Grad

Abb. 3.22 – Der Tunnel der zweigleisigen Hauptstrecke schafft Platz, um das Bergareal schön auszugestalten.

Stückliste		
Gleisbezeichnung	**Anzahl**	**Gleistyp**
Fl6026	3	Gebogenes Gleis, 15 Grad, Radius 357 mm
Fl6036	2	Gebogenes Gleis, 15 Grad, Gegenbogen
Fl6072	2	Elektrische Weiche links, Radius 415 mm, 15 Grad
Fl6010	2	Ausgleichstück, Länge 92 mm
Fl6421	2	Elektromagnetischer Weichenantrieb „links"
Tunnel	2	Tunnelportal zweigleisig
Fl6020	1	Gebogenes Gleis, 60 Grad, Radius 250 mm
Fl6070	1	Handweiche links, Radius 415 mm, 15 Grad
Fl6081	1	Elektrische Weiche rechts, Radius 738 mm, 15 Grad
Fl6076	1	Elektrische Bogenweiche links
Fl6057	1	Dreiwegweiche für Handbetrieb
Fl6010	1	Ausgleichstück, Länge 111 mm
Fl6010	1	Ausgleichstück, Länge 117 mm
Fl6006	1	Flexgleis, Länge 12.7 cm
Fl6006	1	Flexgleis, Länge 81.3 cm

Plan 19: Großanlage in U-Form mit Mega-Rangierbetrieb

Bei dieser sehr großen Modellbahn in U-Form steht der Rangierbetrieb im Personen- und Güter-Verkehr im Vordergrund. Der Bahnhofsbereich auf der linken Seite hat Platz für bis zu sieben Personenzüge für den Schnellzug- und Lokal-Verkehr. Obwohl der Bahnhof ein Kopfbahnhof ist, besitzt er ein Durchfahrgleis, das bis zum Güterbahnhof führt. Von dort geht es zweigleisig bis zum Bahnbetriebsbereich weiter, der viele Rangiermöglichkeiten liefert. Besonderheiten sind eine Drehscheibe mit Lokschuppen und eine eher unscheinbare Kehrschleife, mit der Sie die Fahrtrichtung eines Zuges umkehren können. Neben dem umfangreichen Rangierbetrieb erlaubt die zweigleisige Strecke mit großen Kurvenradien, Züge mit hohen Geschwindigkeiten fahren zu lassen. Trotz der beachtlichen Grundfläche lässt dieser Gleisplan nur wenig Spielraum bei der Gestaltung der Landschaft, weil die zahlreichen Gleise viel Platz benötigen. Komplette Ortschaften scheiden deshalb aus. Im Bahnbetriebsbereich dagegen erlaubt es diese Modellbahn, ins Detail zu gehen.

Anlagen-Daten

Spurweite: H0
Gleistyp: Märklin-H0-Kunststoff-Gleis
System: Dreileiter Wechselstrom
Bodenplatte in U-Form: a = 680 cm
b = 450 cm
c = 650 cm
d = 160 cm
e = 570 cm
f = 150 cm

Gleislänge: 114,9 m

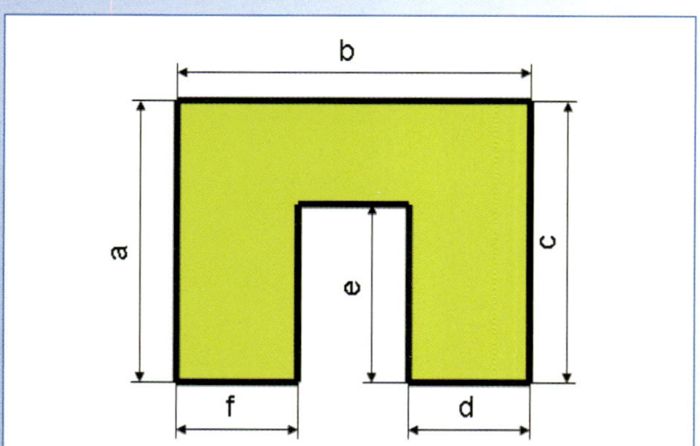

Abb. 3.23 – Schema der U-förmigen Grundplatte.

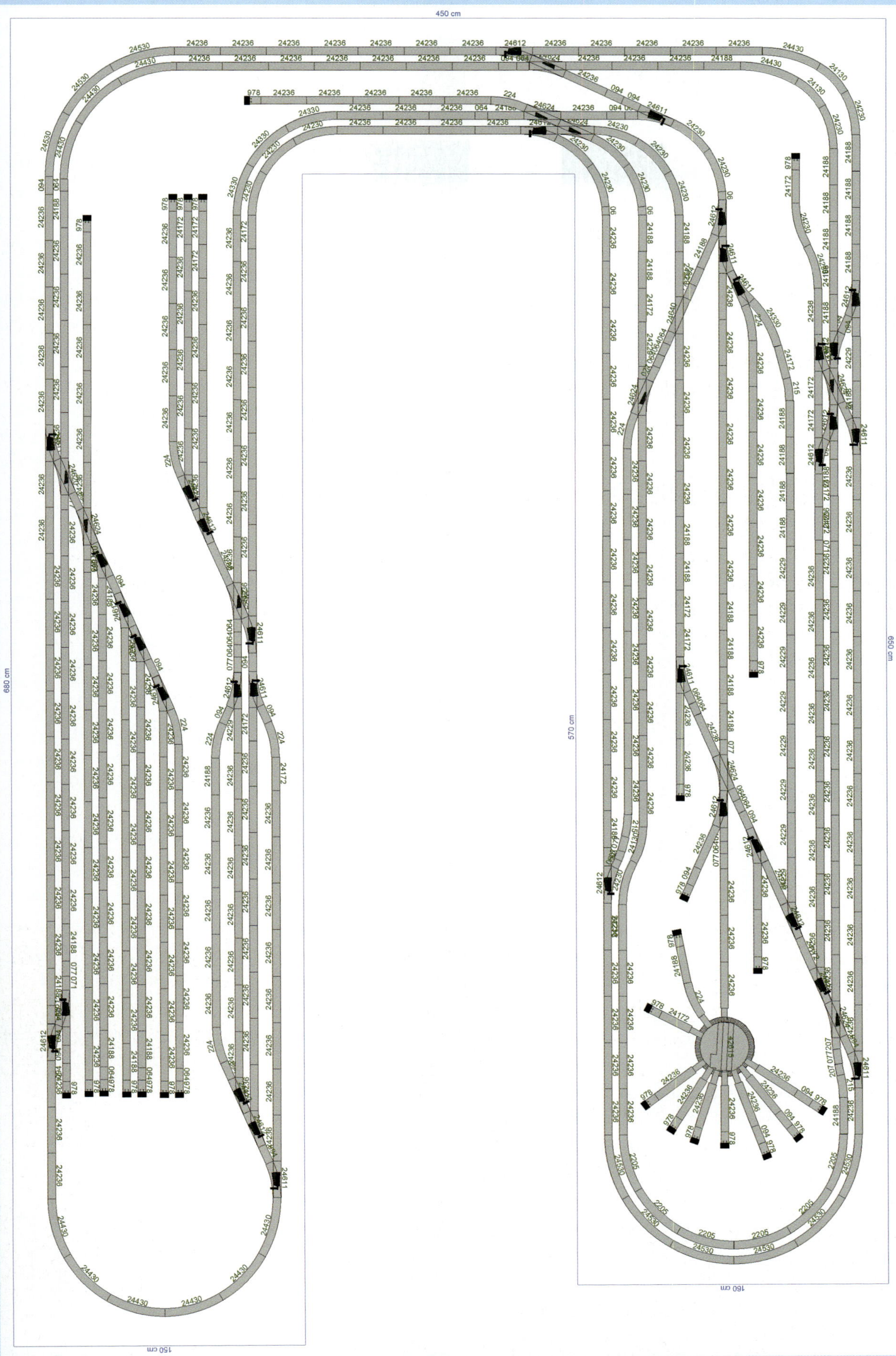

Abb. 3.24 – Gleisplan 19

Stückliste

Gleisbezeichnung	Anzahl	Gleistyp
Mä24236	296	Gleis gerade, Länge 236.1 mm
Mä74460	43	Einbau-Digital-Decoder
Mä24188	38	Gleis gerade, 188.3 mm
Mä74470	34	Weichenlaternen-Satz
Mä74490	34	Elektrischer Weichenantrieb
Mä24094	29	Gleis gerade, Länge 94.2 mm
Mä24978	26	Prellbock mit Beleuchtung, Länge 77.5 mm
Mä24612	23	Weiche rechts, Radius 437.5 mm
Mä24064	20	Gleis gerade, Länge 64.3 mm
Mä24172	17	Gleis gerade, Länge 171.7 mm
Mä24230	17	Gleis gebogen, 1/1 Radius 437.5 mm
Mä24229	13	Gleis gerade, Länge 229.3 mm
Mä24430	11	Gleis gebogen, Radius R4 = 579.3 mm
Mä24611	11	Weiche links, Radius 437.5 mm
Mä24624	10	Doppelte Kreuzungs-Weiche
Mä24077	10	Gleis gerade, Länge 77.5 mm
Ro42617:3	9	Auffahrgleis zur Drehscheibe 42615
Mä24224	9	Gleis gebogen, Gegenbogen für Weichen
Mä24530	9	Gleis gebogen, Radius R5 = 643.6 mm
Mä2205	6	Flexgleis, Länge 29.7 cm
Mä24330	4	Gleis gebogen, 1/1 Radius 515 mm
Mä24206	4	Gleis gebogen, Ergänzungsstück
Mä24215	3	Gleis gebogen, 1/2 Radius 437.5 mm
Mä24071	3	Gerades Gleis mit abnehmbarer Böschung, Länge 70.8 mm
Mä24130	3	Gleis gebogen, 1/1 Radius 360 mm
Mä24207	2	Gleis gebogen, 1/4 Radius 437.5 mm
Mä24107	1	Gleis gebogen, 1/4 Radius 360 mm
Mä24640	1	Kreuzung
Ro42615	1	Elektrische Drehscheibe, Länge 253 mm

Abb. 3.25 – Ausfahrt im Wiener Westbahnhof.

Plan 20: Kleine N-Bahn in Alpenlandschaft auf drei Ebenen

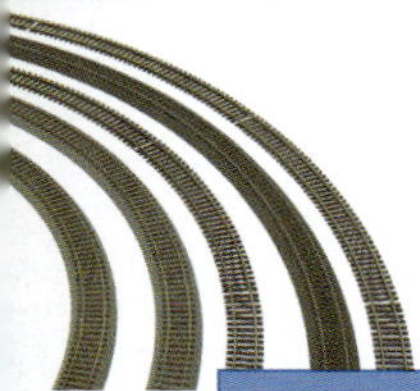

Die kleine Spur-N-Anlage fährt auf drei Ebenen durch eine alpine Landschaft und hat nur den Bahnhofsbereich auf dem Niveau der Grundplatten angesiedelt. Von dort führt die Strecke auf eine Bergrampe. Nachdem der Zug im Bergtunnel verschwunden ist, befährt er eine

Stückliste

Gleisbezeichnung	Anzahl	Gleistyp
Tr14917	27	Gebogenes Gleis, 15 Grad, R3 = 329 mm
Tr14902	13	Gerades Gleis, Länge 312.6 mm
Tr14922	13	Gebogenes Gleis, 30 Grad, R2 = 228.2 mm
Tr14904	10	Gerades Gleis, Länge 104.2 mm
Tr14926	8	Gebogenes Gleis, 6 Grad, R2 = 228.2 mm
Tr66740	8	Beleuchtung für Laterne
Tr66741	6	Weichenlaterne links
Tr14916	5	Gebogenes Gleis, 6 Grad, R1 = 194.6 mm
Tr14961	4	Elektrische Weiche links, R1-24 Grad (plus 6 Grad) (alt)
Tr14927	3	Gebogenes Gleis, 15 Grad, R4 = 362.6 mm
Tr14908	3	Gerades Gleis, Länge 27.9 mm
Tr14906	3	Gerades Gleis, Länge 54.2 mm
Tr14909	2	Gerades Gleis, Länge 33.6 mm
Tr14903	2	Gerades Gleis, Länge 17.2 mm
Tr14936	2	Elektrische Weiche links, R4-15 Grad mit polarisiertem Herzstück (alt)
Tr14991	2	Prellbockgleis
Tr14963	2	Elektrische Weiche rechts, R1-24 Grad (plus 6 Grad)
Tr14940	2	Elektrische Dreiwegweiche, R4-15 Grad (alt)
Tr66742	2	Weichenlaterne rechts
Tunnel	2	Tunnelportal eingleisig
Tr14907	1	Gerades Gleis, Länge 50 mm
Tr14905	1	Gerades Gleis, Länge 76.3 mm
Tr14912	1	Gebogenes Gleis, 30 Grad, R1 = 194.6 mm
Tr14914	1	Gebogenes Gleis, 24 Grad, R1 = 194.6 mm
Tr14928	1	Gebogenes Gleis, 15 Grad, R6 = 526.2 mm
Tr14975	1	MINITRIX-Vario-Gleis, Länge 118 mm
Tr14901	1	Flexgleis, Länge 39.4 cm

Gleiswendel, die ihn in eine dritte Ebene unter die Grundplatte führt. Unterirdisch sind mehrere Gleise montiert, auf denen sich mehrere Züge parken lassen. Vom unterirdischen Bahnhof führt eine weitgehend sichtbare Rampe wieder auf die Grundplatte.

Der sichtbare Teil der Anlage ist als Ausschnitt einer Bergbahn angelegt, die ihr Hauptaugenmerk auf den ländlichen Bahnhofsbereich legt. Der alpine Streckenverlauf ist dagegen kaum zu sehen (Abb. 3.27). Der unterirdische Teil erlaubt trotzdem einen Fahrbetrieb, der für den Zuschauer manche Überraschung bereithält – zum Beispiel wenn ein Zug in den Bergtunnel fährt und ein anderer wieder das Tageslicht erblickt. Der Aufwand an Gleisen ist für eine N-Anlage dieser Größe eher gering und resultiert aus dem umfangreichen Platzbedarf der Alpenlandschaft.

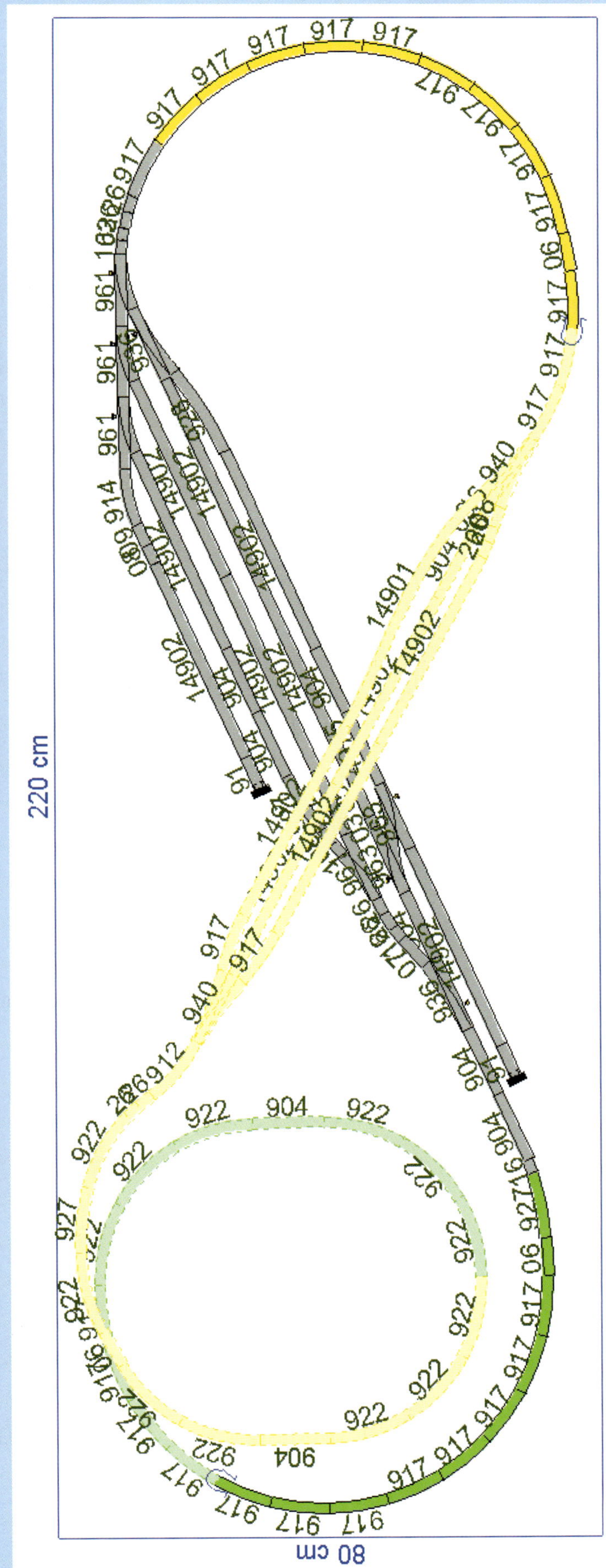

Anlagen-Daten

Spurweite: N
Gleistyp: Minitrix-Spur-N-Gleis
System: Zweileiter Gleichstrom
Bodenplatte: 220 cm x 80 cm
Gleislänge: 12 m

Abb. 3.26 – Gleisplan 20

Abb. 3.27 – Der sich über drei Ebenen erstreckende Gleisplan lässt viel Platz, um die Landschaft zu gestalten.

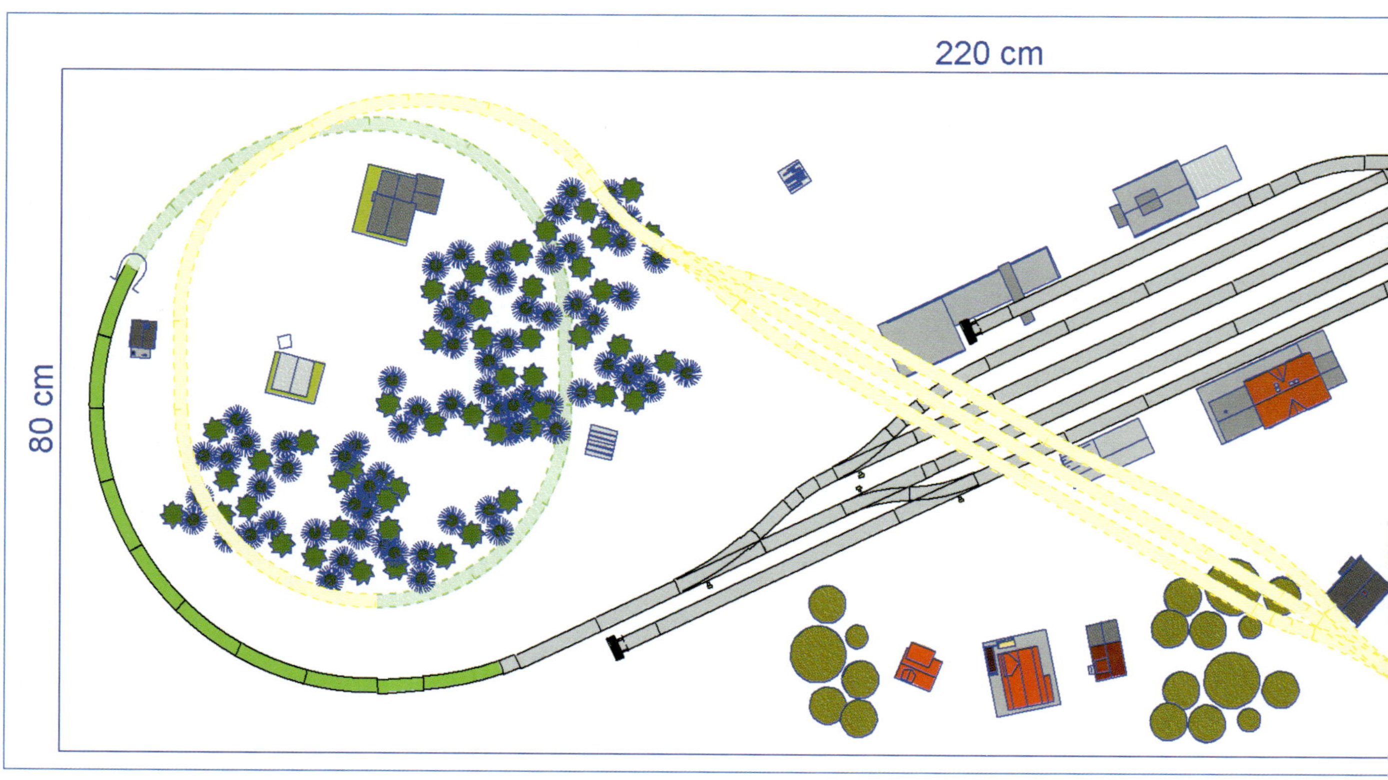

Abb. 3.28 – Am PC können Sie die Bergbahn-Anlage komfortabel mit Details ausschmücken.

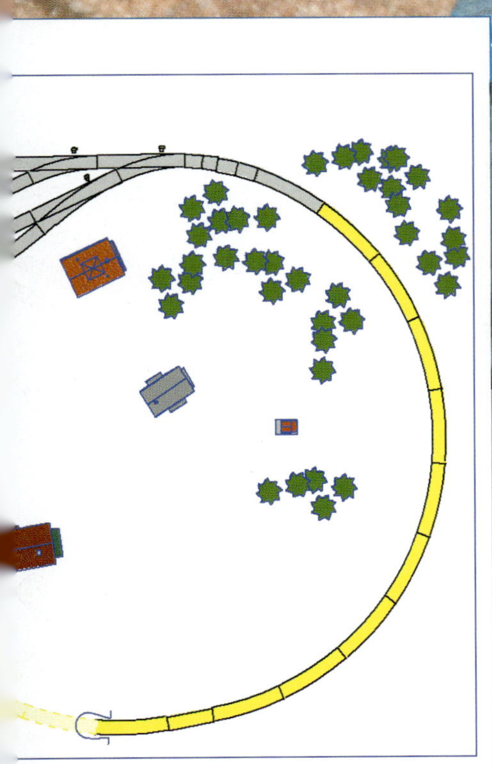

Plan 21: Große Schmalspurbahn im Gebirge

Gebirgsbahnen haben ihren besonderen Reiz, weil die Züge in mehreren Ebenen und durch Tunnel und Schluchten fahren. Große Bergbahnanlagen lassen sich wegen des enormen Platzbedarfs allerdings nur schwer als Modellbahn realisieren. Als Kompromiss kommt die Schmalspur-Spurweite H0e infrage. Damit können Sie einerseits kleinere, platzsparende Kurvenradien verlegen als bei der größeren Spurweite H0. Andererseits haben Hersteller ausreichend passendes Zugmaterial im Programm, da im Alpenraum genügend Schmalspur-Bergbahnen unterwegs sind, die als Modellvorlage dienen. Trotzdem ist der Aufbau

Stückliste

Gleisbezeichnung	Anzahl	Gleistyp
Ro32200	1	Gerades Flexgleis, Länge 730 mm
Ro32202	38	Gerades Gleis, Länge 134.3 mm
Ro32203	20	Gerades Gleis, Länge 47.9 mm
Ro32204	49	Gebogenes Gleis, 30 Grad, R = 261.8 mm
Ro32205	32	Gebogenes Gleis, 13,1 Grad, R = 493 mm
Ro32401	8	Elektroweiche links, 24 Grad
Ro32403	8	Elektroweiche rechts, 24 Grad
Tunnel	14	Tunnelportal eingleisig
Ro22216	4	Prellbock
Ro32200	2	Flexgleis, Länge 16.8 cm
Ro32200	1	Flexgleis, Länge 30.1 cm
Ro32200	1	Flexgleis, Länge 43.7 cm
Ro32200	1	Flexgleis, Länge 14.0 cm
Ro32200	1	Flexgleis, Länge 33.9 cm
Ro32200	1	Flexgleis, Länge 22.8 cm
Ro32200	1	Flexgleis, Länge 27.6 cm
Ro32200	1	Flexgleis, Länge 58.5 cm

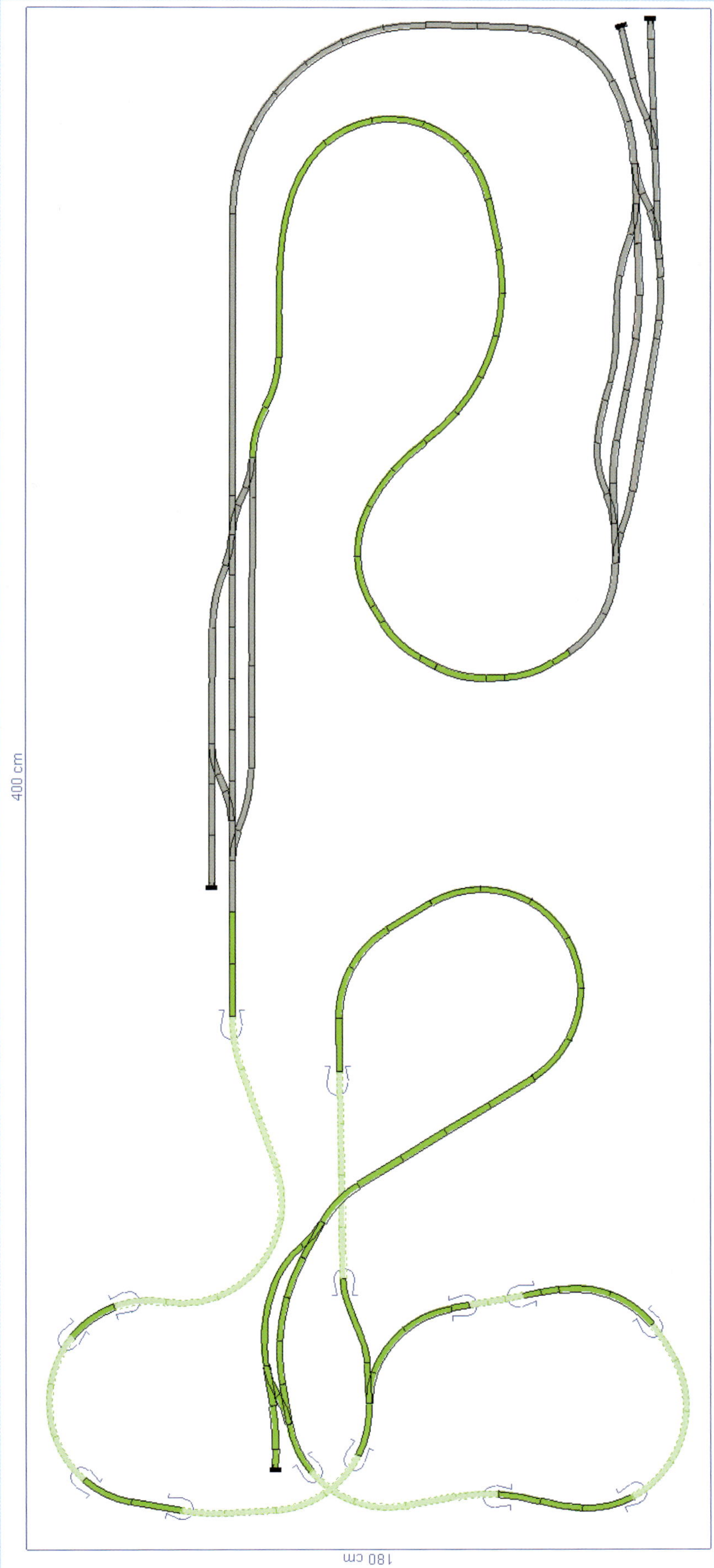

Anlagen-Daten

Spurweite: H0e
Gleistyp: Roco H0e-Gleis 2-Leiter
System: Zweileiter Gleichstrom
Bodenplatte: 400 cm x 180 cm
Gleislänge: 21,3 m

Abb. 3.29 –
Gleisplan 21

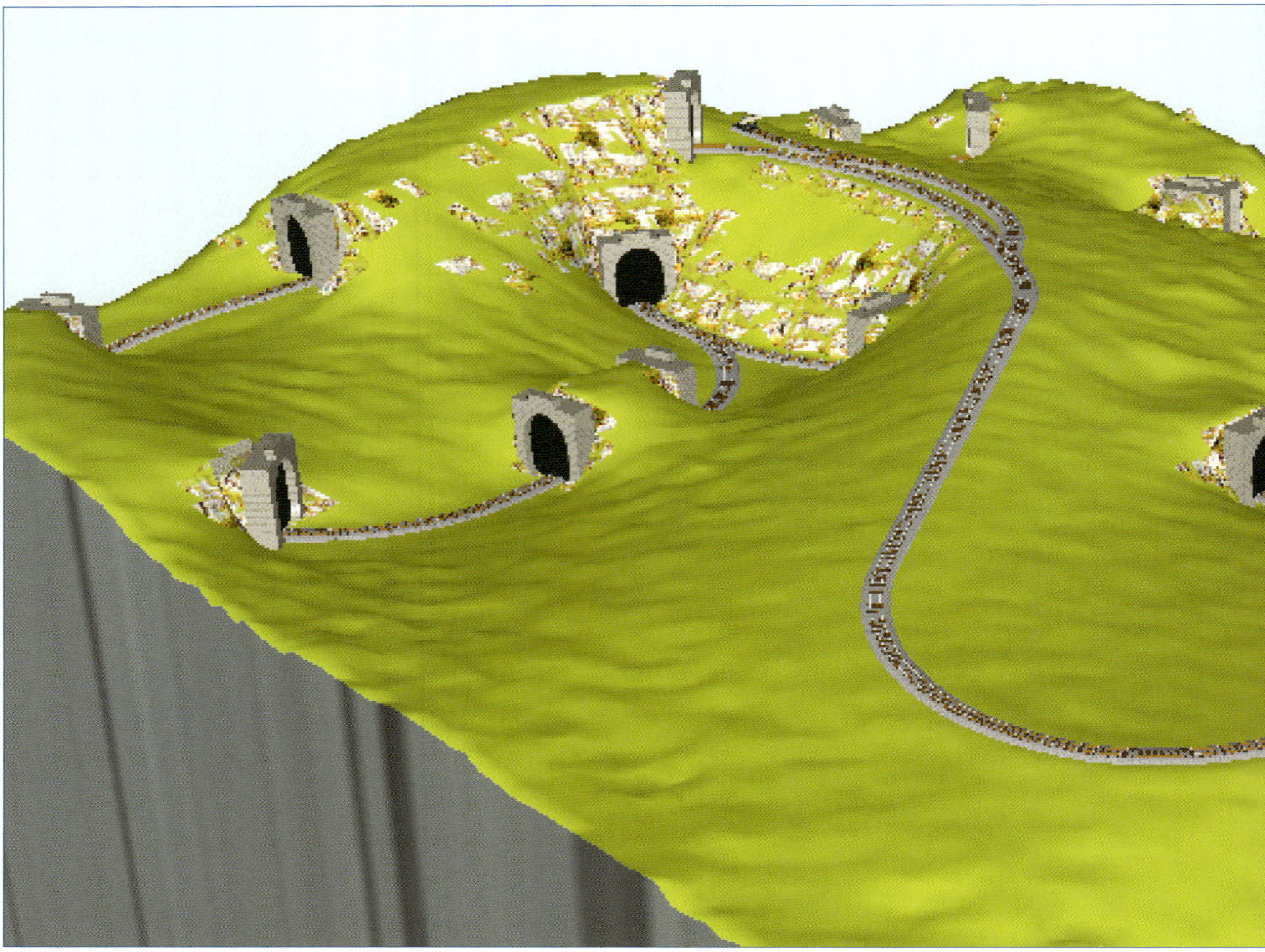

Abb. 3.30 – Streckenverlauf der linken Hochgebirgsstrecke, die Sie mit Wäldern und anderem Ambiente ausschmücken können.

dieser Gebirgsbahn nicht ganz einfach: Der Streckenverlauf unterscheidet sich deutlich von üblichen Modellbahnen, und viele Hersteller liefern nur wenige Gleistypen, was die Planung erschwert. Die Schienensortimente bestehen teils nur aus gebogenen und geraden Gleisen sowie Weichen in nur vier Größen. Damit kann man kaum Schienenstränge verlegen, die den eigenen Wünschen entsprechen. Abhilfe schaffen flexible Gleise, die Sie in einer Standardlänge von 73 cm erwerben können. Die Flexgleise erlauben es, alle benötigten Kurvenradien, Geraden und kleine Zwischenstücke zurechtzusägen.

Kernstück der Modellbahn ist der Hauptbahnhof, der auf dem Niveau der Grundplatte liegt. Von dort führt die Hauptstrecke auf einen

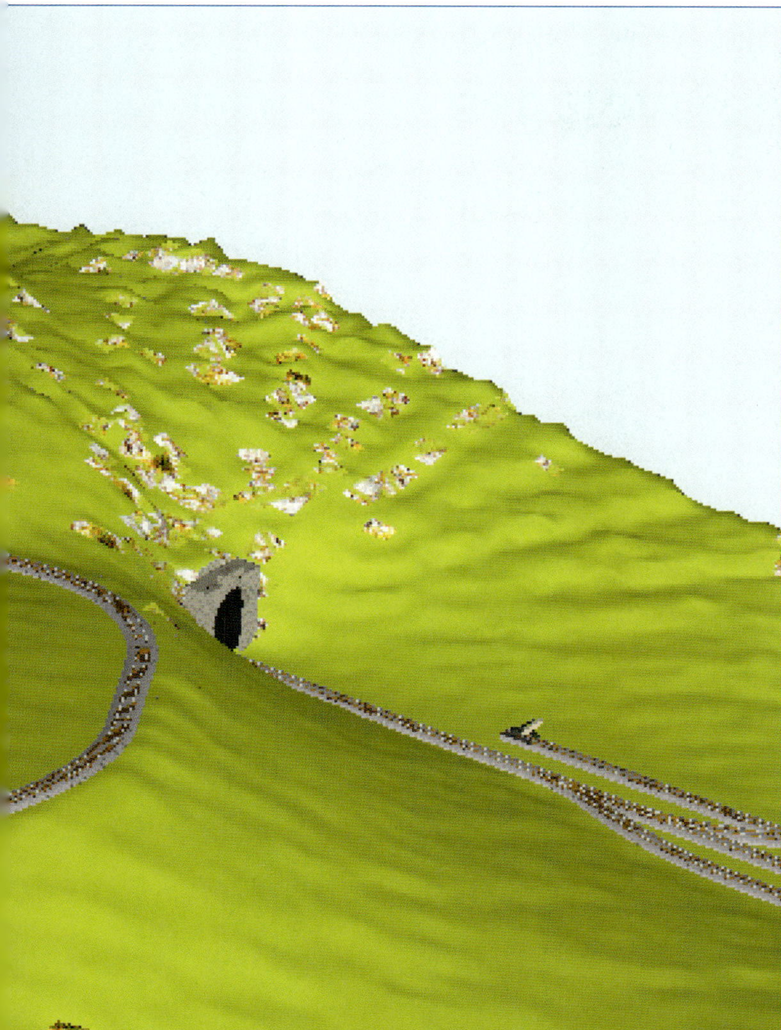

Berg, erstreckt sich über mehrere Ebenen und hat auf ihrem höchsten Punkt eine kleine Haltestelle mit Abstellgleis (Abb. 3.30). Der Streckenverlauf ist als Kehrschleife ausgeführt, sodass der Zug auf einem Teil der bereits bergauf befahrenen Strecke auch ins Tal unterwegs ist. Auch der zweite Streckenabschnitt, der vom Hauptbahnhof abgeht, ist als Kehrschleife ausgeführt. Bevor dieses Gleis in eher bescheidene Höhen führt, erreicht der Zug einen zweiten Bahnhof auf dem Niveau der Grundplatte.

Plan 22: Original nachgebildete alte Bahnhofsanlagen

Diese Anlage in der Schmalspur-Spurweite H0e zeigt die alten, nicht mehr bestehenden Bahnhöfe Garsten und Molln der Steyrtalbahn in Österreich. Die beiden Bahnhöfe liegen auf je einem Schenkel des U-förmigen Grundbretts. Da der Gleisplan auf eine möglichst realitätsnahe Abbildung der Gleisanlagen achtet, sind nur relativ wenige Schienen verlegt. Dafür kann der Hobbyeisenbahner die Landschaft in vielen Facetten gestalten. Zum Endbahnhof Garsten auf der linken Seite der Grundplatte gehört der Bahnbetriebsbereich mit einer kleinen Drehscheibe zum Wenden der Loks. Sie können außerdem Laderampen, einen Lokschuppen und andere Betriebsgebäude aufstellen. Gleiches gilt für den Bahnhof Molln auf der rechten Seite der Grundplatte, der im Einfahrtsbereich ein Firmen-Anschlussgleis und auf beiden Seiten der Durchfahrstrecke Abstellgleise besitzt. Sie wurden früher zum Verladen von Holz genutzt, für die erforderlichen Rangierarbeiten stand ein Lokschuppen bereit.

Diese Eisenbahnanlage ist für den anspruchsvollen Fahr- und Rangier-Betrieb zwischen zwei original nachgebildeten Bahnhofsanlagen gedacht. Sie lässt sich außerdem um eine H0-Komponente erweitern, da am Bahnhof Garsten die Schmalspurbahn an das normale Schienennetz angeschlossen war. Den Normalspur-Bereich platziert man am linken Rand des Bahnhofs. Auf Grund des wenigen Platzes können Sie die H0-Normalspur nur als perspektivische Darstellung andeuten, die einen räumlichen Eindruck vermittelt.

Anlagen-Daten

Spurweite: H0e
Gleistype: Roco H0e-Gleis 2-Leiter
System: Zweileiter Gleichstrom
Bodenplatte in U-Form: a = 450 cm
b = 500 cm
c = 400 cm
d = 150 cm
e = 340 cm
f = 180 cm
Gleislänge: 36,1 m

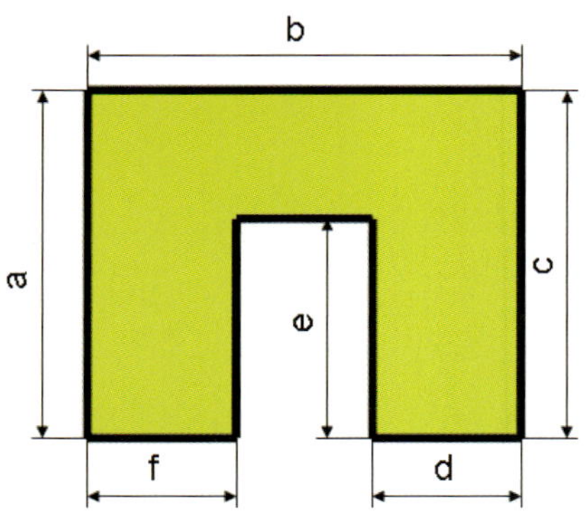

Abb. 3.31 – Schema der U-förmigen Grundplatte.

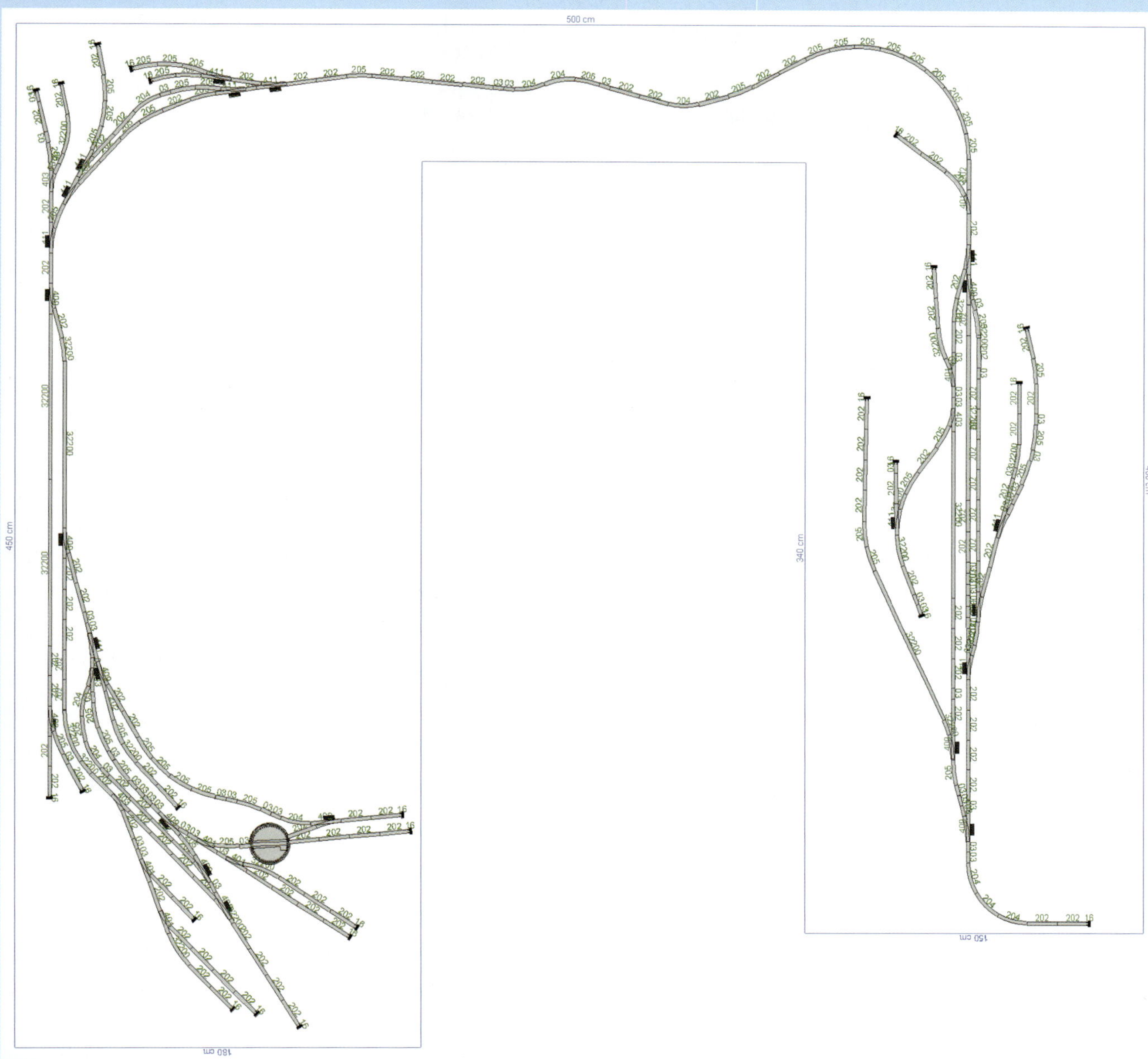

Abb. 3.32 – Gleisplan 22

Abb. 3.33 – Steyrtalbahn im Original, im Bild: der Bahnhof Grünburg.

Abb. 3.34 – So kann man die Schmalspur-Eisenbahn ausschmücken.

Stückliste		
Gleisbezeichnung	**Anzahl**	**Gleistyp**
Ro32202	120	Gerades Gleis, Länge 134.3 mm
Ro32203	62	Gerades Gleis, Länge 47.9 mm
Ro32205	49	Gebogenes Gleis, 13,1 Grad, R = 493 mm
Ro22216	24	Prellbock
Ro10030	23	Unterflurweichenantrieb
Ro32411	12	Unterflurweiche rechts, 15 Grad
Ro32204	11	Gebogenes Gleis, 30 Grad, R = 261.8 mm
Ro32409	11	Unterflurweiche links, 15 Grad
Ro32200	6	Gerades Flexgleis, Länge 730 mm
Ro32200	5	Flexgleis (10.5 cm)
Ro32401	6	Elektroweiche links, 24 Grad
Ro32403	4	Elektroweiche rechts, 24 Grad
Ro32200	3	Flexgleis (7.0 cm)
Ro32200	2	Flexgleis (17.6 cm)
Ro32200	2	Flexgleis (1.3 cm)
Ro32200	2	Flexgleis (14.0 cm)
Ro32200	2	Flexgleis (16.8 cm)
Dreh	1	Drehscheibe Länge 172 mm
Ro32200	1	Flexgleis (24.4 cm)
Ro32200	1	Flexgleis (2.1 cm)

Plan 23: Alte Bahnhöfe mit Spiel-Eisenbahn

Anlagen-Daten

Spurweite: H0e
Gleistyp: Roco-H0e-Gleis 2-Leiter
System: Zweileiter Gleichstrom
Bodenplatte in U-Form: a = 450 cm
b = 500 cm
c = 400 cm
d = 150 cm
e = 340 cm
f = 180 cm
Gleislänge: 60,5 m

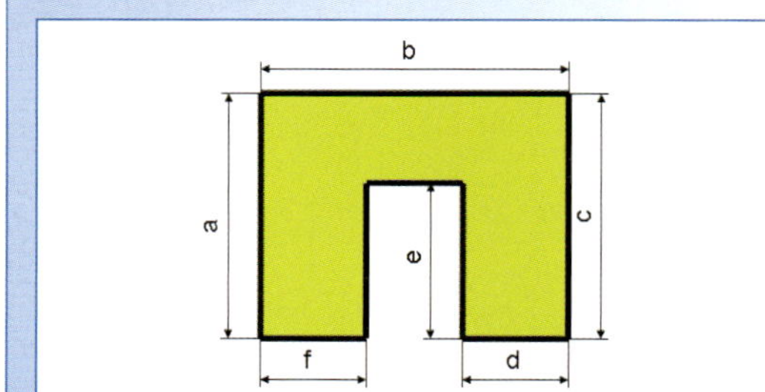

Abb. 3.35 – Schema der U-förmigen Grundplatte.

Diese Modellbahn ergänzt die im Gleisplan 22 vorgestellte Schmalspur-Bahnhofsanlage. Neben dem anspruchsvollen Rangierbetrieb können Sie auch Züge im Kreis fahren lassen. Dafür hat der Bahnhof Garsten am linken Rand des linken U-Flügels der Grundplatte ein zusätzliches, gelb eingezeichnetes Gleis erhalten, das über eine Rampe in eine zweite Ebene unter die Modellbahn führt. Dort kann man Abstellgleise, die teils auch als Durchfahrgleise aufgebaut sein können, für nicht benötigte Züge verlegen. Im hinteren Bereich des Bahnhofs Molln am rechten Rand des rechten U-Flügels erreicht das unterirdische Durchfahrgleis wieder die Oberfläche der Grundplatte. Sie können dort eine Gebirgslandschaft mit einem Berg bauen, aus dem der Zug durch ein Tunnelportal ins Freie

Stückliste als Ergänzung zum Gleisplan 22

Gleisbezeichnung	Anzahl	Gleistyp
Ro32205	30	Gebogenes Gleis, 13,1 Grad, R = 493 mm
Ro32202	25	Gerades Gleis, Länge 134.3 mm
Ro32200	21	Gerades Flexgleis, Länge 730 mm
Ro32203	14	Gerades Gleis, Länge 47.9 mm
Ro32204	6	Gebogenes Gleis, 30 Grad, R = 261.8 mm
Ro32411	5	Unterflurweiche rechts, 15 Grad
Ro22216	5	Prellbock
Ro22219	4	Weichenantrieb rechts
Tunnel	2	Tunnelportal eingleisig
Ro32409	1	Unterflurweiche links, 15 Grad
Ro22218	1	Weichenantrieb links
Ro10030	1	Unterflurweichenantrieb
Ro32200	1	Flexgleis, Länge 35 cm

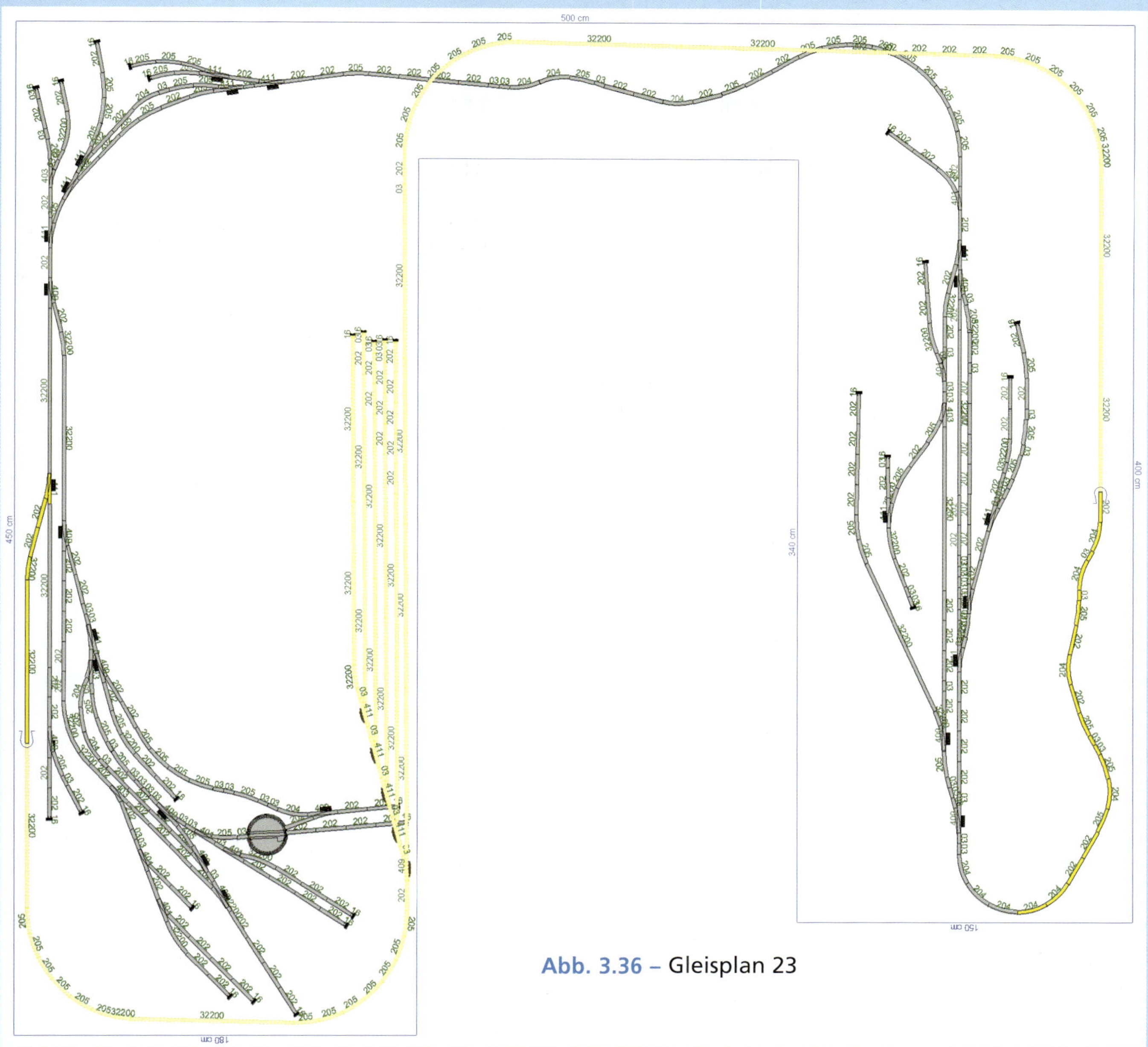

Abb. 3.36 – Gleisplan 23

gelangt. Den Bahnhof erreicht der Zug über ein zur Ausfahrt verlängertes Abstellgleis aus dem Gleisplan 22. Alle Züge, die nicht zum Originalplan gehören, sind in diesem Gleisplan gelb eingezeichnet. Die Stückliste enthält nur die Komponenten, die man zusätzlich zur bereits vorgestellten Steyrtalbahn-Anlage nach Gleisplan 22 benötigt.

Abb. 3.37 – Bahnbetriebsbereich der Steyrtalbahn im Bahnhof Grünburg.

Plan 24: Zwei Bahnhöfe mit viel Rangierbetrieb

Fortgeschrittene Modelleisenbahner legen meist auf einen anspruchsvollen Rangierbetrieb Wert, um Bahnhöfe gezielt anfahren und Züge zusammenstellen zu können. Dieser Gleisplan ist dafür genau richtig. Die u-förmige Grundplatte erlaubt, an beiden Seiten je einen ländlich geprägten Bahnhof mit einem großen Bahnbetriebsbereich anzulegen. Dazu gehören Firmenanschlussgleise, mit denen Sie diverse Produkte auf Züge verladen und zum Zielbahnhof fahren lassen können. Für den Spielbetrieb sind beide Bahnhöfe über ein unterirdisches Gleis miteinander verbunden, damit Züge im Kreis fahren können. Um etwas fürs Auge zu haben, führt dieses Verbindungsgleis teils oberirdisch über eine Rampe. Danach verschwindet es wieder unter Tage und erreicht kurz vor dem zweiten Bahnhof wieder die Oberfläche der Eisenbahnplatte. Dadurch liefert diese Modellbahn genügend Platz für Bahn- und Firmengebäude sowie Dörfer mit Straßen und Wegen. Obwohl die Schienen nur eingleisig verlegt sind, erlaubt sie wegen der großen Gleislängen den gleichzeitigen Betrieb mehrerer Züge. Die unterirdische Ebene beherbergt außerdem einen großzügigen Abstellbereich, um Waggons und Loks zu parken.

Stückliste

Gleisbezeichnung	Anzahl	Gleistyp
Pi55200	64	Gleis gerade, 239 mm
Pi55219	31	Gleis gebogen, 15 Grad, R9 = 908.0 mm
Pi55271	29	Weichenantrieb links/rechts
Pi55273	24	Zurüstsatz Unterflurantrieb
Pi55280	23	Prellbock
Pi55209	17	Flexgleis gerade, 940 mm
Pi55211	16	Gleis gebogen, 30 Grad, R1 = 360.0 mm
Pi55252	15	Gleis gebogen, 7.5 Grad, R2 = 421.9 mm
Pi55202	14	Gleis gerade, 119.5 mm
Pi55205	14	Gleis gerade, 61.9 mm
Pi55212	12	Gleis gebogen, 30 Grad, R2 = 421.9 mm
Pi55220	11	Weiche links, 15 Grad, r = 908.0 mm
Pi55221	11	Weiche rechts, 15 Grad, r = 908.0 mm
Pi55213	7	Gleis gebogen, 30 Grad, R3 = 483.8 mm
Pi55251	6	Gleis gebogen, 7.5 Grad, R1 = 360.0 mm
Pi55214	5	Gleis gebogen, 30 Grad, R4 = 545.6 mm
Pi55203	4	Gleis gerade, 115.5 mm
Tunnel	4	Tunnelportal eingleisig
Pi55204	3	Gleis gerade, 107.3 mm
Pi55224	2	Doppel-Kreuzungsweiche, 15 Grad
Pi55225	2	Dreiwegweiche

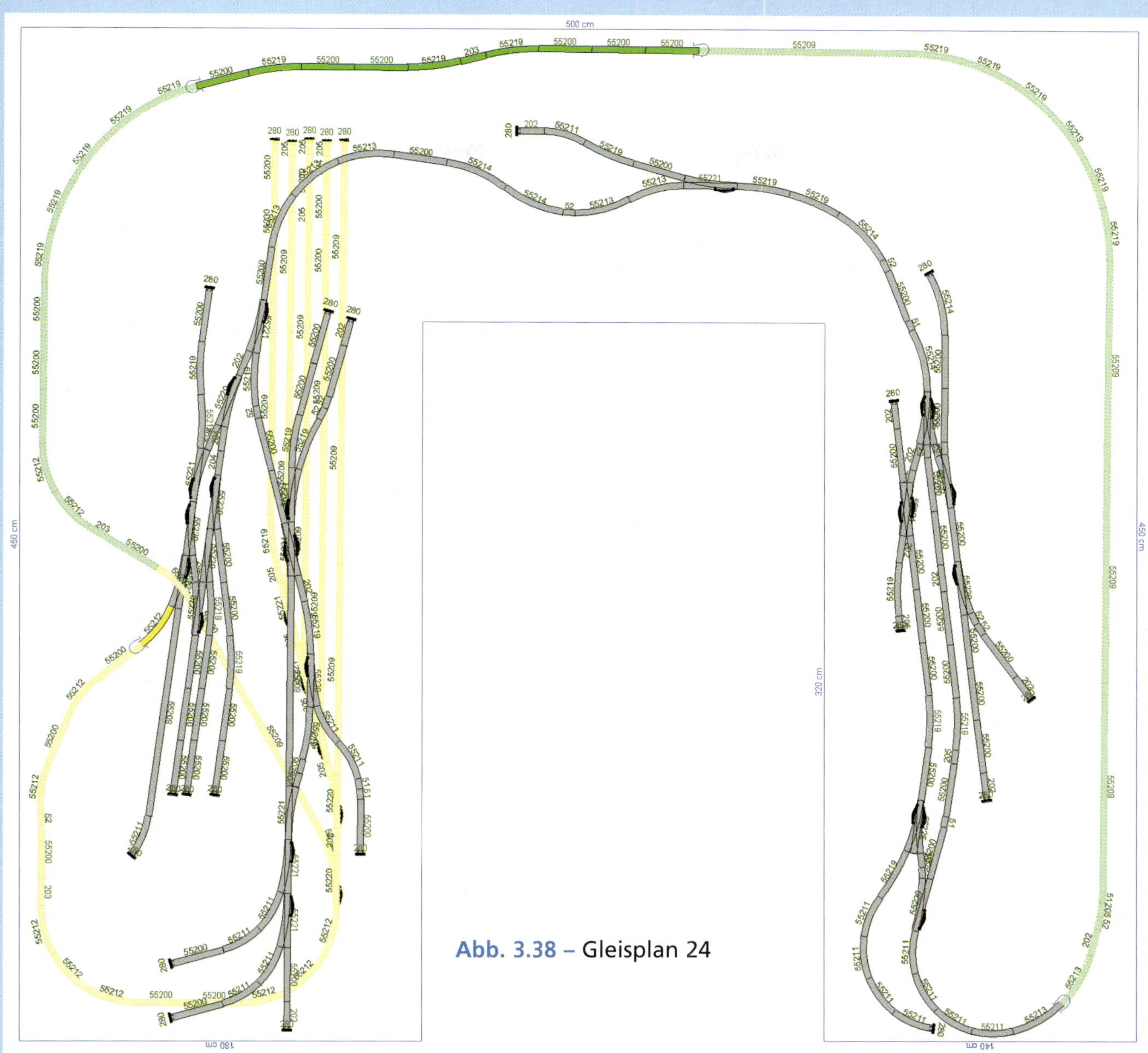

Abb. 3.38 – Gleisplan 24

Anlagen-Daten

Spurweite: H0

Gleistyp: Piko-H0-A-Gleis

System: Zweileiter Gleichstrom

Bodenplatte in U-Form: a = 450 cm
b = 500 cm
c = 450 cm
d = 140 cm
e = 320 cm
f = 180 cm

Gleislänge: 58,3 m

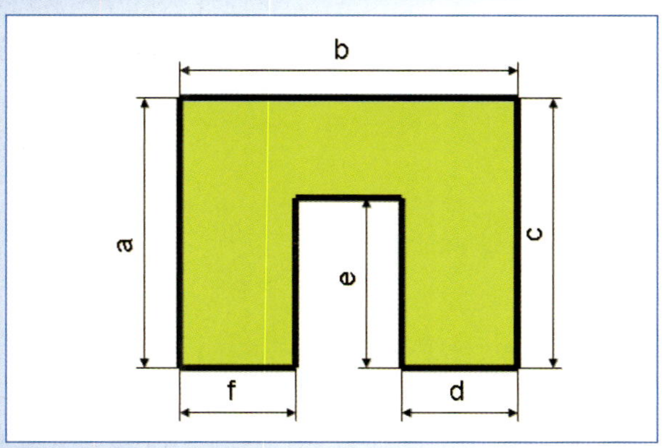

Abb. 3.39 – Schema der u-förmigen Grundplatte.

Plan 25: Rangierbetrieb auf dem Wohnzimmertisch

Nette Anlagen auf kleinstem Raum lassen sich am besten mit der Spurweite Z realisieren. Trotz der Abmessungen von nur 110 cm mal 55 cm erlaubt diese Z-Bahn neben dem Fahr- auch einen bescheidenen Rangierbetrieb. Die Abstellgleise eignen sich für einen einfachen Bahnbetriebsbereich mit Firmenanschlüssen. Man kann zusätzliche Abstell- und/oder Ausweichgleise verlegen, um so die Fahrmöglichkeiten zu erweitern. Das kostet allerdings freie Fläche, die sich bestens eignet, um die Landschaft zu gestalten. Etwas untypisch für Modellbahnen ist eine kleine Haltestelle mit Ausweichgleis im hinteren Anlagenteil aufgebaut. Wie alle Z-Bahnen ist auch diese Anlage nur analog steuerbar.

Anlagen-Daten

Spurweite: Z
Gleistyp: Märklin-Z-Gleis
System: Zweileiter Gleichstrom
Bodenplatte: 110 cm x 55 cm
Gleislänge: 5,3 m

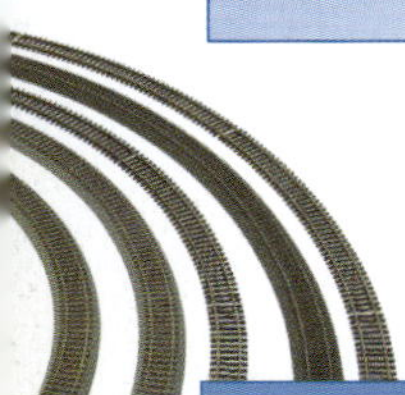

Stückliste

Gleisbezeichnung	Anzahl	Gleistyp
Mä8531	15	Gleis gebogen, Radius 220 mm, 30 Grad
Mä8503	8	Gleis gerade, Länge 55 mm
Mä8500	8	Gleis gerade, Länge 110 mm
Mä8505	5	Gleis gerade, Länge 220 mm
Mä8991	5	Prellbock
Mä8562L	3	Elektroweiche links, Radius 490 mm, 13 Grad
Mä8591	2	Gleis gebogen, Radius 490 mm, Gegenbogen
Mä8563R	2	Elektroweiche rechts, Radius 490 mm, 13 Grad
Mä8560	1	Doppelte Kreuzungsweiche
Mä8592	1	Ausgleichsgleis gerade, Länge 104 mm
Mä8592	1	Ausgleichsgleis gerade, Länge 100 mm

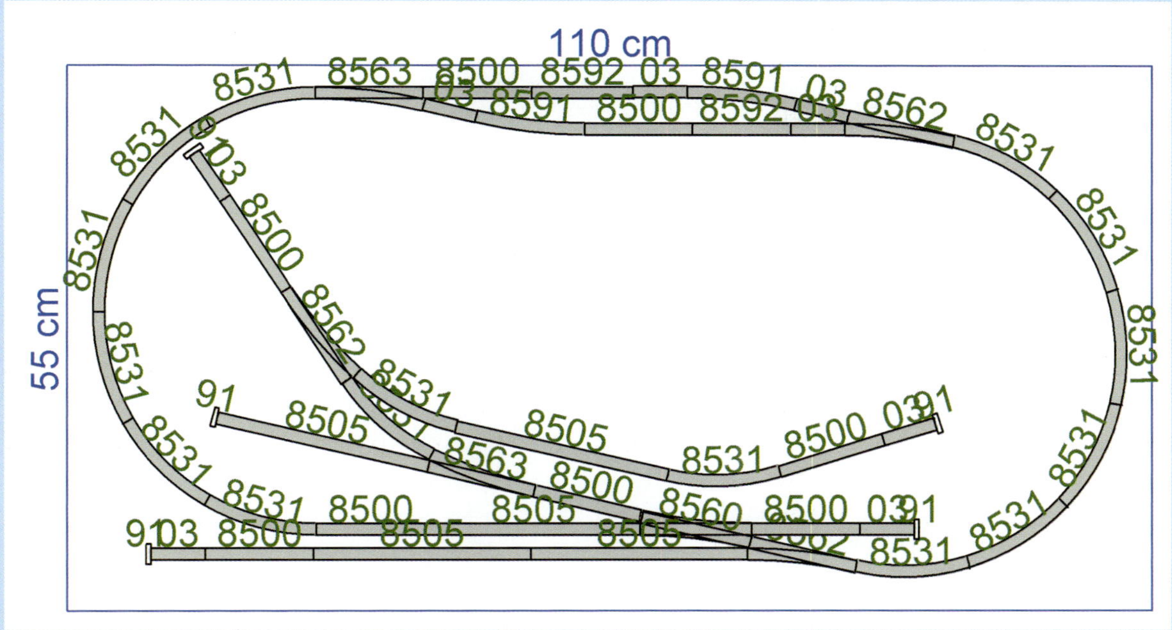

Abb. 3.40 – Gleisplan 25

Plan 26: Industriebahn-Anlage

Manche Eisenbahnfreunde legen besonderen Wert auf die vorbildgetreue Gestaltung kleiner Anlagenteile. Sie bauen faszinierende perspektivische Darstellungen, die einen perfekten räumlichen Eindruck vermitteln, sogenannte Dioramen. Diese sind zwar schön anzusehen, erlauben aber meist keinen Zugbetrieb. Dieser H0-Gleisplan mit einem Grundbrett von 2,4 m x 1,1 m wählt einen Mittelweg. Viel Platz für gestalterische Feinheiten bleibt jedoch nicht übrig, da er für den Fahrbetrieb erforderlich ist. Der Gleisplan zeigt nur einen Ausschnitt eines Bahnbetriebsbereichs mit mehreren Abstell-, Service- und Ladegleisen, wo sich der Spielbetrieb aufs Rangieren beschränkt. Da wegen der wenigen verlegten Schienen Freiraum bleibt, können Sie im Bahnbetriebsbereich diverse Gebäude und Laderampen integrieren. Die Modellbahn kann man durch Verlängern der Abstellgleise an den Bretträndern mit einer zusätzlichen Grundplatte erweitern.

Stückliste

Gleisbezeichnung	Anzahl	Gleistyp
Pi55200	20	Gleis gerade, 239 mm
Pi55252	15	Gleis gebogen, 7.5 Grad, R2 = 421.9 mm
Pi55271	13	Weichenantrieb links/rechts
Pi55273	13	Zurüstsatz Unterflurantrieb
Pi55280	11	Prellbock
Pi55205	8	Gleis gerade, 61.9 mm
Pi55220	6	Weiche links, 15 Grad, r = 908.0 mm
Pi55251	5	Gleis gebogen, 7.5 Grad, R1 = 360.0 mm
Pi55204	4	Gleis gerade, 107.3 mm
Pi55211	4	Gleis gebogen, 30 Grad, R1 = 360.0 mm
Pi55219	4	Gleis gebogen, 15 Grad, R9 = 908.0 mm
Pi55221	4	Weiche rechts, 15 Grad, r = 908.0 mm
Pi55202	3	Gleis gerade, 119.5 mm
Pi55213	3	Gleis gebogen, 30 Grad, R3 = 483.8 mm
Pi55212	2	Gleis gebogen, 30 Grad, R2 = 421.9 mm
Pi55214	2	Gleis gebogen, 30 Grad, R4 = 545.6 mm
Pi55201	1	Gleis gerade, 231 mm
Pi55203	1	Gleis gerade, 115.5 mm
Pi55222	1	Bogenweiche links, R2/R3
Pi55224	1	Doppel-Kreuzungsweiche, 15 Grad
Pi55241	1	Kreuzung, 30 Grad

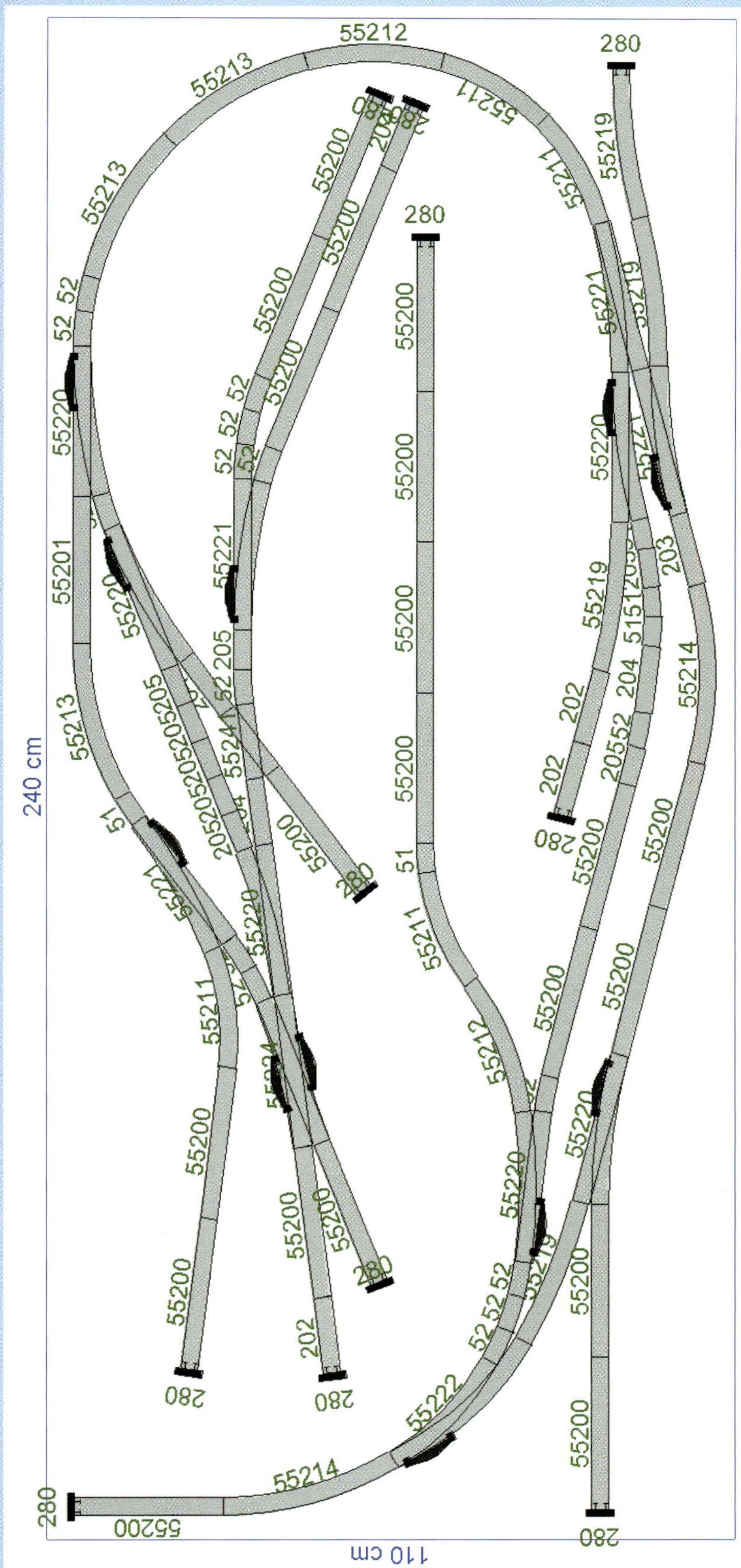

Anlagen-Daten

Spurweite: H0
Gleistyp: Piko H0-A-Gleis
System: Zweileiter Gleichstrom
Bodenplatte: 240 cm x 110 cm
Gleislänge:13,8 m

Abb. 3.41 – Gleisplan 26

Plan 27: Gleisoval mit Abstell- und Firmen-Gleisen

Diese kompakte H0-Anlage fußt auf einem eingleisigen Gleisoval, von dem mehrere Abstellgleise und Firmenanschlüsse abzweigen. Neben dem Fahrbetrieb kann man so genügend Loks und Waggons abstellen und umfangreich rangieren. Damit auf der Hauptstrecke abwechselnd zwei Züge fahren können, ist im Bahnhofsbereich ein Ausweichgleis eingebaut. Die Anlage lässt viel Spielraum, um sie mit netten Details auszuschmücken (Abb. 3.43).

Anlagen-Daten

Spurweite: H0
Gleistyp: Piko H0-A-Gleis
System: Zweileiter Gleichstrom
Bodenplatte: 230 cm x 120 cm
Gleislänge: 16,1 m

Stückliste

Gleisbezeichnung	Anzahl	Gleistyp
Pi55204	15	Gleis gerade, 107.3 mm
Pi55271	14	Weichen-Antrieb links/rechts
Pi55201	12	Gleis gerade, 231 mm
Pi55280	10	Prellbock
Pi55202	10	Gleis gerade, 119.5 mm
Pi55251	9	Gleis gebogen, 7.5 Grad, R1 = 360.0 mm
Pi55200	8	Gleis gerade, 239 mm
Pi55211	7	Gleis gebogen, 30 Grad, R1 = 360 mm
Pi55212	6	Gleis gebogen, 30 Grad, R2 = 421.9 mm
Pi55205	5	Gleis gerade, 61.9 mm
Pi55221	5	Weiche rechts, 15 Grad, r = 908.0 mm
Pi55252	5	Gleis gebogen, 7.5 Grad, R2 = 421.9 mm
Pi55213	4	Gleis gebogen, 30 Grad, R3 = 483.8 mm
Pi55214	3	Gleis gebogen, 30 Grad, R4 = 545.6 mm
Pi55219	3	Gleis gebogen, 15 Grad, R9 = 908 mm
Pi55222	3	Bogenweiche links, R2/R3
Pi55223	3	Bogenweiche rechts, R2/R3
Pi55220	1	Weiche links, 15 Grad, r = 908 mm
Pi55224	1	Doppel-Kreuzungsweiche, 15 Grad

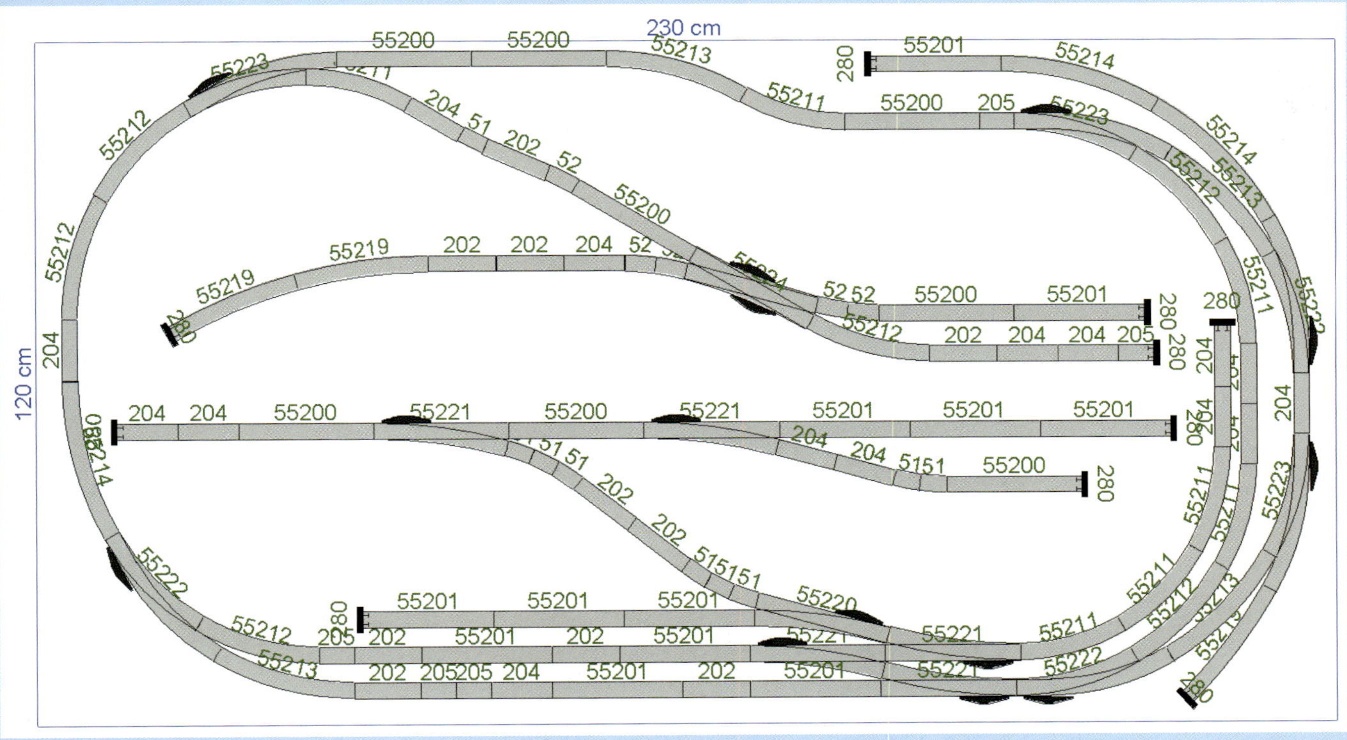

Abb. 3.42 – Gleisplan 27

Abb. 3.43 – Eisenbahn-Idylle mit beschranktem Bahnübergang.

Plan 28: Zweispurige Bahn mit vielen Abstellgleisen

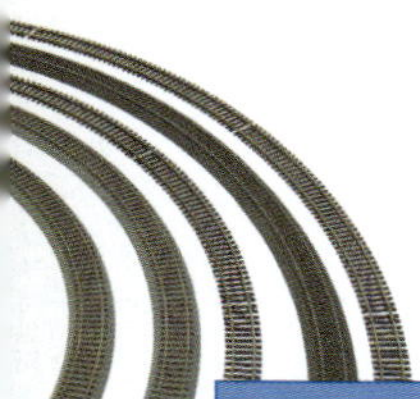

Die große Grundplatte dieser H0-Modellbahn misst 4 m Länge und 1,5 m Tiefe und ermöglicht dadurch einen mehrspurigen Fahrbetrieb. Das Hauptgleis und alle Abstellgleise sind ebenerdig angelegt. Der zweite Fahrkreis führt dagegen durch eine kleine Gebirgslandschaft, zu der eine Haltestelle mit Ausweichgleis gehört. Sie können außerdem an zwei Gleise

Stückliste

Gleisbezeichnung	Anzahl	Gleistyp
Mä24236	53	Gleis gerade, Länge 236.1 mm
Mä24188	16	Gleis gerade, Länge 188.3 mm
Mä74460	14	Einbau-Digital-Decoder
Mä74470	12	Weichenlaternen-Satz
Mä74490	12	Elektrischer Weichenantrieb
Mä24094	10	Gleis gerade, Länge 94.2 mm
Mä24430	10	Gleis gebogen, Radius R4 = 579.3 mm
Mä24230	9	Gleis gebogen, 1/1 Radius 437.5 mm
Mä24612	8	Weiche rechts, Radius 437.5 mm
Mä24064	7	Gleis gerade Länge 64.3 mm
Mä24977	6	Prellbock, Länge 77.5 mm
Mä24224	6	Gleis gebogen, Gegenbogen für Weichen
Mä24130	6	Gleis gebogen, 1/1 Radius 360 mm
Mä24215	4	Gleis gebogen, 1/2 Radius 437.5 mm
Mä24611	4	Weiche links, Radius 437.5 mm
Mä24172	3	Gleis gerade, Länge 171.7 mm
Mä24077	3	Gleis gerade, Länge 77.5 mm
Mä24229	3	Gleis gerade, Länge 229.3 mm
Mä24071	3	Gerades Gleis mit abnehmbarer Böschung, Länge 70.8 mm
Mä24207	2	Gleis gebogen, 1/4 Radius 437.5 mm
Mä24206	2	Gleis gebogen, Ergänzungsstück
Mä24624	2	Doppelte Kreuzungsweiche
Tunnel	2	Tunnelportal eingleisig
Mä24330	1	Gleis gebogen, 1/1 Radius 515 mm
Mä24115	1	Gleis gebogen, 1/2 Radius 360 mm
Mä24107	1	Gleis gebogen, 1/4 Radius 360 mm

Anlagen-Daten

Spurweite: H0
Gleistype: Märklin H0-C-Gleis
System: Dreileiter Wechselstrom
Bodenplatte: 400 cm x 150 cm
Gleislänge: 30 m

eine weitere Modellbahn anschließen und so die Anlage nachträglich zu einem L-Grundriss erweitern. Das verwendete Märklin-C-Gleis besitzt ein Schotterbett. Fortgeschrittene Modellbahner greifen dagegen eher zu gleisbettlosen Schienen wie dem K-Gleis von Märklin. Man spart dadurch Geld und kann das Gleisbett individueller gestalten.

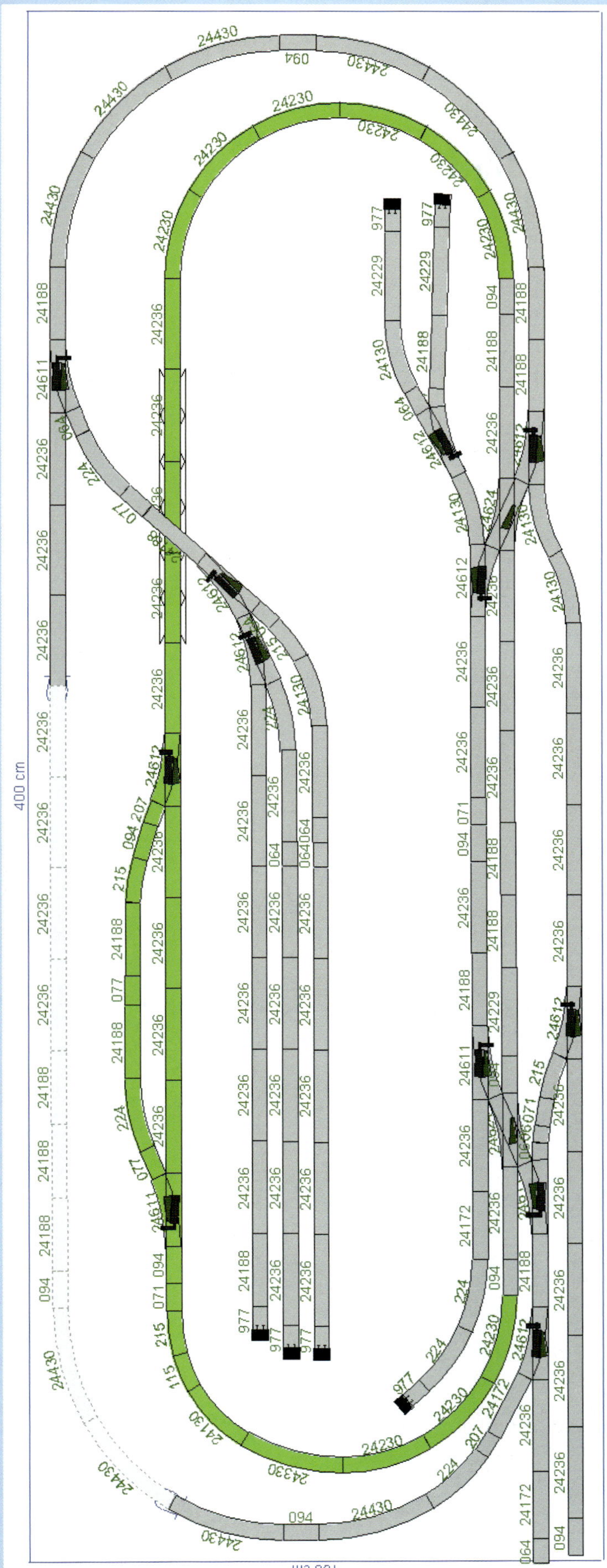

Abb. 3.44 – Gleisplan 28

Plan 29: Dreigleisige N-Anlage mit Pfiff

Wegen des kleineren Maßstabs im Vergleich zu H0 lassen sich mit der Spurweite N sehr umfangreiche Anlagen auf engem Raum unterbringen. Ein Beispiel ist dieser Gleisplan mit drei Fahrspuren, der mit einer Aufbaufläche von 3,5 m mal 1,6 m auskommt. Die Hauptstrecke ist ebenerdig und ermöglicht so auch Schnellzugverkehr. Der großzügig angelegte Landbahnhof hat ausreichend Abstellmöglichkeiten für Züge. Wegen der großen Abstände der Gleise zueinander können Sie nicht überdachte Bahnsteige einbauen, die heute noch in vielen ländlichen Bahnhöfen anzutreffen sind. Im vorderen Bereich der Anlage führen mehrere Anschlussgleise zu verschiedenen Firmen. Der Modellbauer kann seiner Fantasie freien Lauf lassen und diese Stelle mit einem Sägewerk oder einer Ziegelei ausschmücken. Das dritte Fahrgleis ist als Bergstrecke gebaut und besitzt Firmen-Anschlussgleise, die Forstbetriebe

Abb. 3.45 – Kleinigkeiten werten die Modellbahn auf, im Bild: Wanderer in den Bergen.

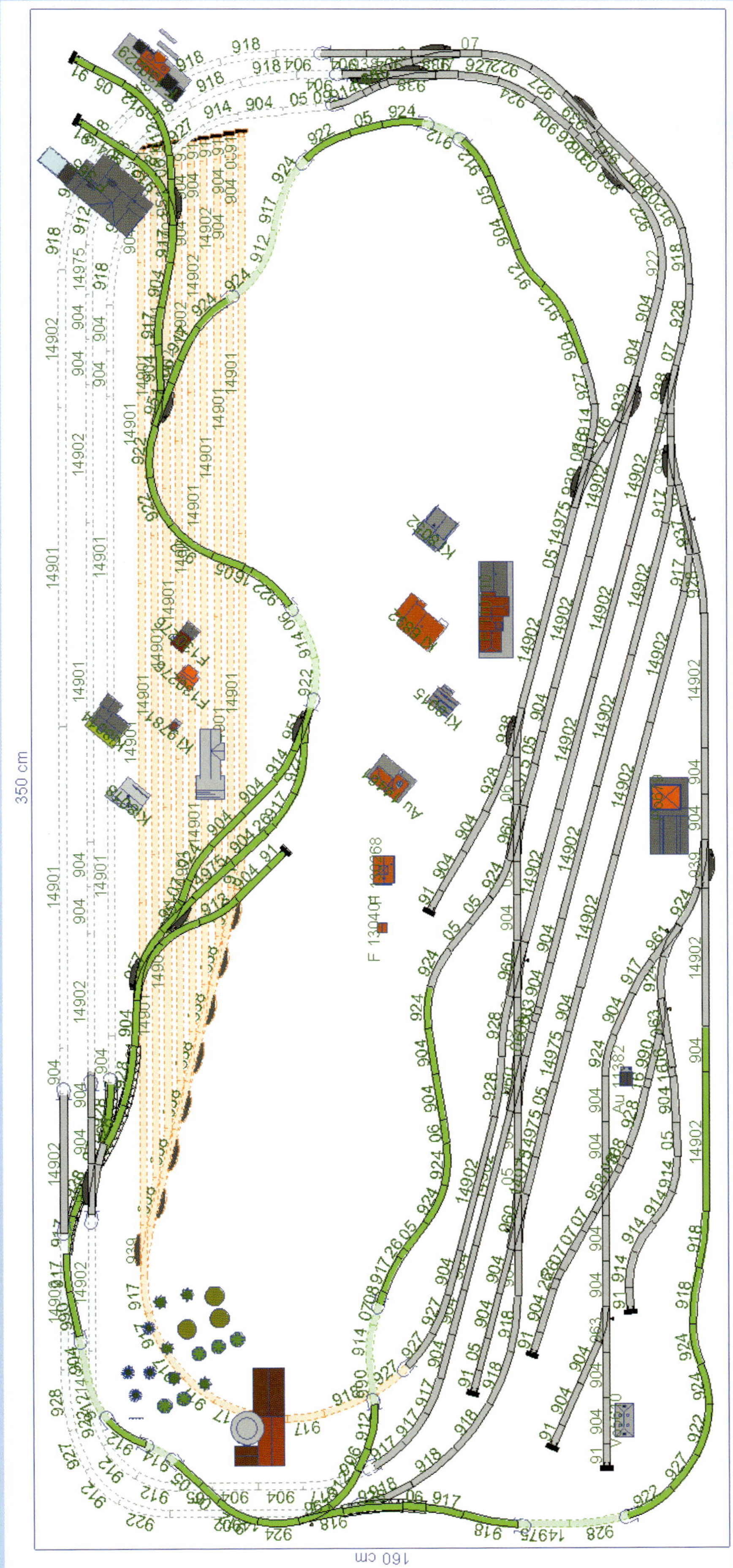

Anlagen-Daten

Spurweite: N
Gleistyp: Minitrix Spur N
System: Zweileiter Gleichstrom
Bodenplatte: 350 cm x 160 cm
Gleislänge: 59,4 m

nutzen können. Ein kleiner Gebirgsbahnhof und drei Rampen machen das Ambiente komplett. Züge können die Rampen nicht nur befahren, sondern von dort auch auf die zweigleisige Hauptstrecke wechseln. Da auf einer mehrgleisigen Modellbahn viele Züge unterwegs sind, besitzt schließlich eine dritte unterirdische Ebene ausreichend Abstellfläche.

Trotz ihres ländlichen Charakters erlaubt diese Anlage nicht nur den Fahrbetrieb, sondern spricht auch Rangierliebhaber an. Dank der kompakten Spurweite N bleibt viel Platz, um die Landschaft mit einem großen Bergbereich liebevoll zu gestalten (Abb. 3.45 und Abb. 3.47). Neben dem Dorf im Tal können Sie eine weitere Siedlung im Gebirge anlegen und eine Burgruine aufbauen. Würde man diese N-Modellbahn im H0-Maßstab aufbauen, wäre ein Eisenbahnbrett von 7 m x 3 m erforderlich.

Abb. 3.46 –
Gleisplan 29

Stückliste

Gleisbezeichnung	Anzahl	Gleistyp
Tr14904	72	Gerades Gleis, Länge 104.2 mm
Tr14902	30	Gerades Gleis, Länge 312.6 mm
Tr14901	26	Gerades Flexgleis, Länge 730 mm
Tr14917	25	Gebogenes Gleis, 15 Grad, R3 = 329 mm
Tunnel	25	Tunnelportal eingleisig
Tr66740	25	Beleuchtung für Laterne
Tr14918	24	Gebogenes Gleis, 15 Grad, R5 = 492.6 mm
Tr14912	20	Gebogenes Gleis, 30 Grad, R1 = 194.6 mm
Tr14905	18	Gerades Gleis, Länge 76.3 mm
Tr14991	18	Prellbockgleis
Tr14906	17	Gerades Gleis, Länge 54.2 mm
Tr14924	17	Gebogenes Gleis, 24 Grad, R2 = 228.2 mm
Tr14935	17	Elektromagnetischer Antrieb Unterflur für Linksweiche
Tr14922	14	Gebogenes Gleis, 30 Grad, R2 = 228.2 mm
Tr14907	13	Gerades Gleis, Länge 50 mm
Tr14928	13	Gebogenes Gleis, 15 Grad, R6 = 526.2 mm
Tr14938	13	Handweiche links, R4-15 Grad, mit polarisiertem Herzstück
Tr66742	13	Weichenlaterne rechts
Tr66741	12	Weichenlaterne links
Tr14914	11	Gebogenes Gleis, 24 Grad, R1 = 194.6 mm
Tr14927	9	Gebogenes Gleis, 15 Grad, R4 = 362.6 mm
Tr14916	8	Gebogenes Gleis, 6 Grad, R1 = 194.6 mm

Abb. 3.47 – Landschaft entlang der Eisenbahnstrecke nach Gleisplan 29.

Stückliste		
Gleisbezeichnung	**Anzahl**	**Gleistyp**
Tr14934	8	Elektromagnetischer Antrieb Unterflur für Rechtsweiche
Tr14939	7	Handweiche rechts, R4-15 Grad mit polarisiertem Herzstück
Tr14908	6	Gerades Gleis, Länge 27.9 mm
Tr14926	5	Gebogenes Gleis, 6 Grad, R2 = 228.2 mm
Tr14903	5	Gerades Gleis, Länge 17.2 mm
Tr14951	4	Handweiche links, R1-24 Grad (+6 Grad)
Tr14960	4	Elektrische Doppel-Kreuzungs-Weiche R4-15 Grad
Tr14990	3	Gerades Gleis mit Funkentstörung
Tr14975	3	MINITRIX-Vario-Gleis, Länge 98 mm
Tr14961	2	Elektrische Weiche links, R1-24 Grad (+6 Grad) (alt)
Tr14963	2	Elektrische Weiche rechts, R1-24 Grad (+6 Grad)
Tr14975	2	MINITRIX-Vario-Gleis, Länge 118 mm
Tr14909	1	Gerades Gleis, Länge 33.6 mm
Tr14937	1	Elektrische Weiche rechts, R4-15 Grad mit polarisiertem Herzstück (alt)
Tr14957	1	Handbogenweiche R1-R2 rechts
Tr14958	1	Kreuzung 30 Grad
Tr14975	1	MINITRIX-Vario-Gleis, Länge 86.5 mm
Tr14975	1	MINITRIX-Vario-Gleis, Länge 89 mm
Tr14975	1	MINITRIX-Vario-Gleis, Länge 112 mm
Tr14975	1	MINITRIX-Vario-Gleis, Länge 120 mm

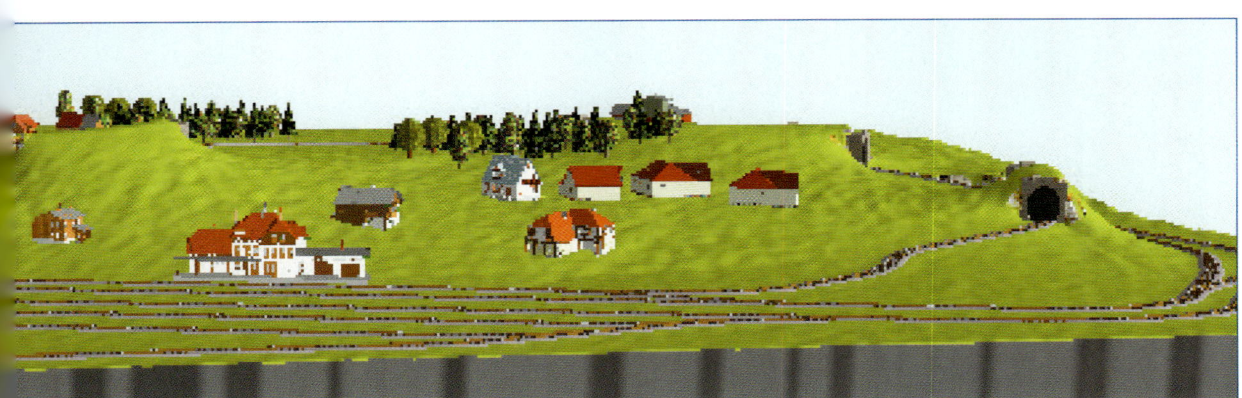

Plan 30: Normal- und Schmalspur-Bahn auf einem Gleis

Wie spannend eine Modellbahnanlage sein kann, zeigt dieses Beispiel einer zweispurigen Anlage. Sie beherbergt neben der populären Normalspur-Spurweite H0 auch eine Schmalspurbahn im H0e-Format. Beide beginnen im Hauptbahnhof mit Doppelgleis-Schienen, auf dem H0- und H0e-Züge fahren können. Diese ungewöhnlichen Gleise der Firma Tillig erlauben, Bahnanlagen realitätsecht nachzubilden, bei denen sich zwei Spurweiten kreuzen. Die H0-Hauptbahnstrecke ist zweigleisig ausgeführt und beansprucht nur einen rechteckigen Grundriss. Der l-förmige Teil des Anlagengrundrisses setzt dagegen die Schmalspurbahn in Szene. Beim Bau der Schmalspurstrecke stößt man allerdings wegen der wenigen Tillig-Gleise auf Hindernisse. Diese sind nur als 68 cm lange Flexgleise erhältlich, aus denen man alle Geraden und Kurven zuschneiden muss. Damit können Sie die Schmalspurstrecke nicht eben mal schnell zusammenstecken. Während die Normalspur auf Grundniveau verläuft, ist die Schmalspur-Anlage in eine Hügellandschaft eingebettet. Im Streckenverlauf sind mehrere, teils sogar etwas längere Anschlussgleise eingeplant. Im gebirgigen Teil der Strecke dienen sie forstwirtschaftlichen Zwecken und sind für ein Bergwerk gedacht, im ebenerdigen Teil des Schmalspur-Streckenverlaufs sind auch Firmenanschlussgleise verlegt. Schließlich sind im Streckenverlauf zwei Haltestellen mit Ausweichgleisen eingeplant, und der gebirgige Teil der Anlage beherbergt ein Gleisdreieck.

Die beiden Fahrspuren der H0-Anlage eignen sich zusammen mit den Abstellgleisen für den einfachen Spielbetrieb. Die Abstellgleise verlaufen meist bis unmittelbar zur Brettkante. Man kann sie deshalb zu Anschlussgleisen erweitern, um die Anlage zu vergrößern oder mit einer zweiten Modellbahn zu verbinden – vorausgesetzt, dass das die Platzverhältnisse zulassen. Dort ließe sich ein ausgedehnter Bahnbetriebsbereich mit vielen Rangiermöglichkeiten aufbauen. Die Gleisanschlüsse können auch zu einem externen Kopfbahnhof führen, in dem mehrere Züge geparkt sind.

Anlagen-Daten

Spurweite: H0 und H0e
Gleistyp: Tillig H0 Elite Gleis und Tillig H0e Elite Gleis
System: Zweileiter Gleichstrom
Bodenplatte in L-Form: a = 300 cm
b = 460 cm
c = 180 cm
d = 200 cm
Gleislänge: 54,3 m

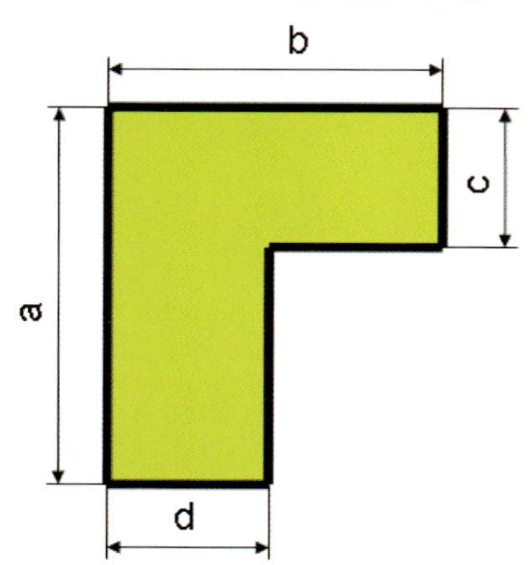

Abb. 3.48 – Schema der l-förmigen Grundplatte.

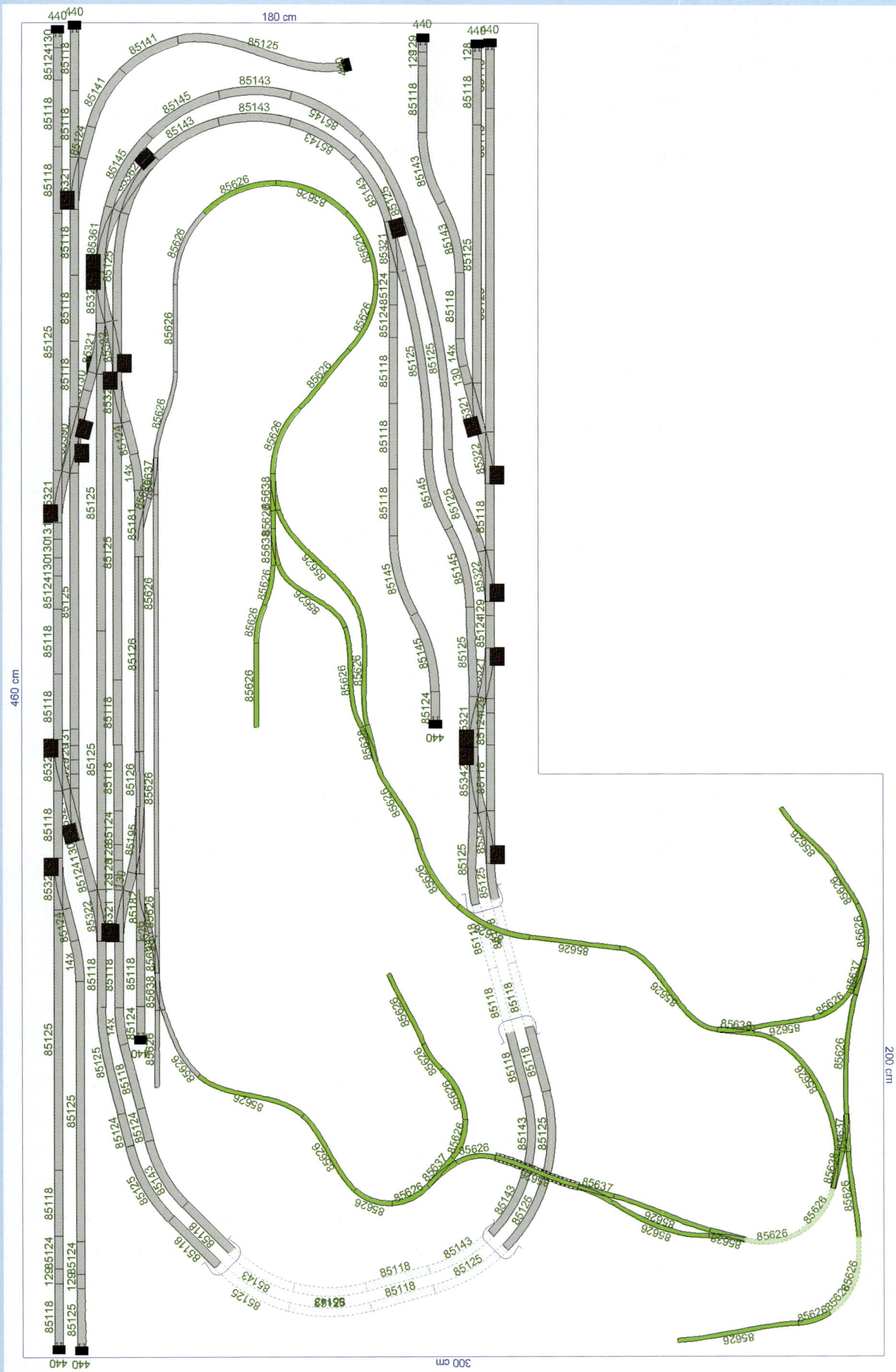

Abb. 3.49 –
Gleisplan 30

Stückliste

Gleisbezeichnung	Anzahl	Gleistyp
Ti85118	38	Gleis gerade G1, Länge 228 mm
Ti86110	23	Motorischer Weichenantrieb (Unterflur)
Ti85124	17	Gleis gerade G2, Länge 114 mm
Ti85143	13	Gleis gebogen R31, R484/30 Grad
Ti85129	10	Gleis gerade G6, Länge 50 mm
Ti82440	10	Prellbock
Ti85125	9	Gerades Flexgleis, Länge 890 mm
Ti85322	9	Weiche links, R484 / 15 Grad
Ti85321	9	Weiche rechts, R484 / 15 Grad
Ti85638	8	Weiche H0e links, 18 Grad, r = 409 mm
Ti85130	8	Gleis gerade G3, Länge 64 mm
Ti85145	7	Gleis gebogen R41, R543 / 30 Grad
Ti85637	5	Weiche H0e rechts, 18 Grad, r = 409 mm
Tunnel	4	Tunnelportal zweigleisig
Ti85128	3	Gleis gerade G5, Länge 53 mm
Ti85626	2	Gleis gerade H0e, Länge 680 mm
Ti8514x	2	Gleis gebogen R32, R484 / 15 Grad (Selbstbau)
Ti85141	2	Gleis gebogen R21, R425 / 30 Grad

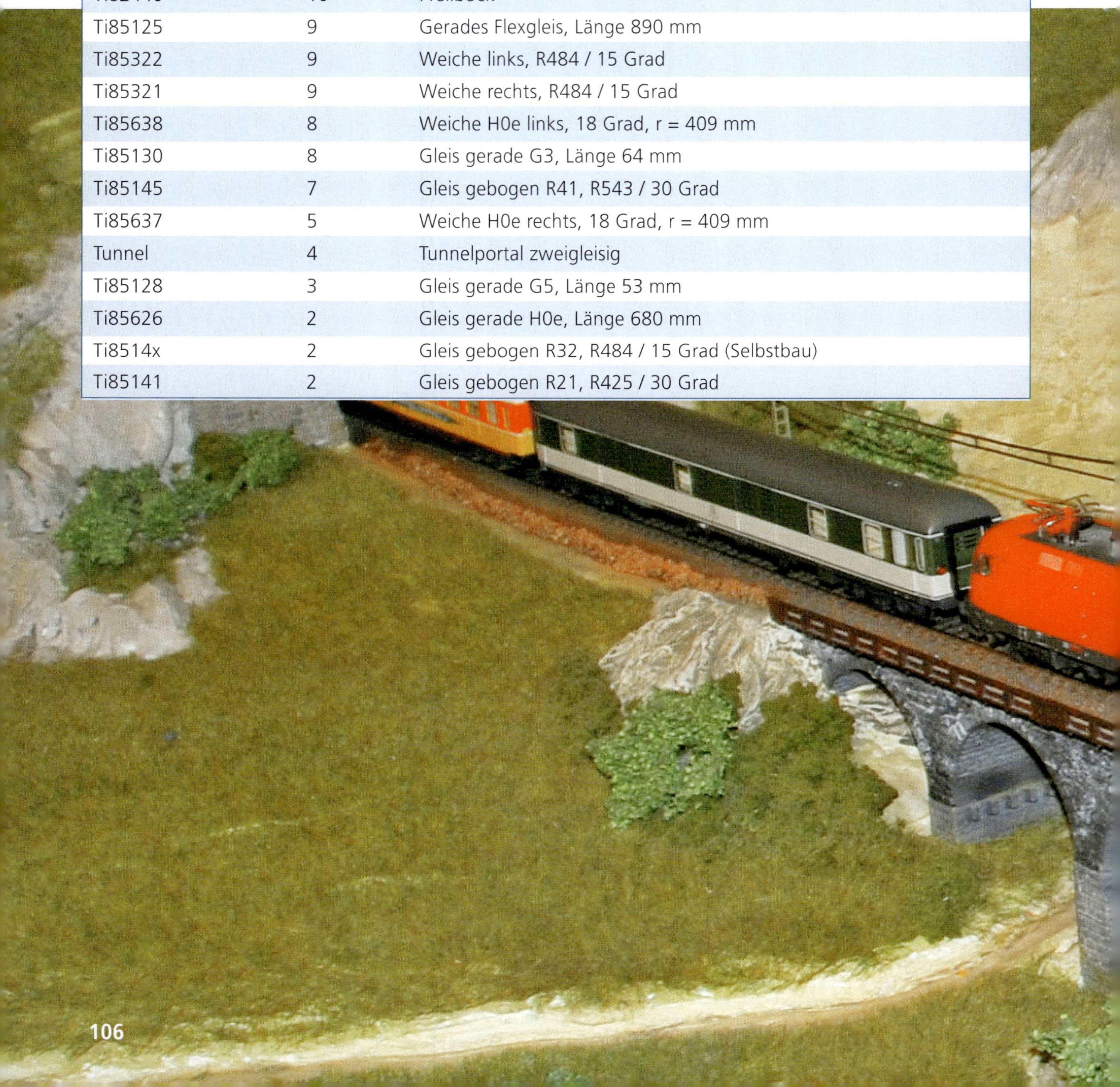

Stückliste		
Gleisbezeichnung	**Anzahl**	**Gleistyp**
Ti85131	2	Gleis gerade G4, Länge 57 mm
Ti85126	1	Dreischienengleis H0-H0e gerade, 680 mm
Ti85181	1	Abzweig rechts H0-H0e, 15 Grad
Ti85182	1	Abzweig links H0-H0e, 15 Grad
Ti85195	1	Weiche rechts H0-H0e, 15 Grad
Ti8514x	1	Gleis gebogen R12, R366 / 15 Grad (Selbstbau)
Ti8514x	1	Gleis gebogen R42, R543 / 15 Grad (Selbstbau)
Ti85342	1	Weiche links R866 / 15 Grad
Ti85362	1	Innenbogenweiche links R866:425 / 15 Grad:30 Grad
Ti85361	1	Innenbogenweiche rechts R866:425 / 15 Grad:30 Grad
Ti85390	1	Doppelte Kreuzungsweiche 15 Grad
Ti85626	1	Übergangsbogen r = 220, 30 Grad
Ti85626	1	Übergangsbogen r = 150, 30 Grad
Ti85125	6	Flexgleis, Länge 29.0 cm
Ti85626	6	Flexgleis, Länge 27.5 cm
Ti85626	4	Flexgleis, Länge 14.1 cm
Ti85626	3	Flexgleis, Länge 19.6 cm
Ti85626	2	Flexgleis, Länge 30.6 cm

Stückliste

Gleisbezeichnung	Anzahl	Gleistyp
Ti85626	2	Flexgleis, Länge 1.3 cm
Ti85626	2	Flexgleis, Länge 25.1 cm
Ti85626	2	Flexgleis, Länge 14.0 cm
Ti85626	2	Flexgleis, Länge 11.8 cm
Ti85126	1	Flexgleis, Länge 19.0 cm
Ti85626	1	Flexgleis, Länge 16.4 cm
Ti85626	1	Flexgleis, Länge 30.3 cm
Ti85626	1	Flexgleis, Länge 26.6 cm
Ti85626	1	Flexgleis, Länge 39.1 cm
Ti85626	1	Flexgleis, Länge 31.2 cm
Ti85626	1	Flexgleis, Länge 35.5 cm
Ti85626	1	Flexgleis, Länge 36.5 cm
Ti85626	1	Flexgleis, Länge 13.7 cm
Ti85626	1	Flexgleis, Länge 15.7 cm
Ti85626	1	Flexgleis, Länge 21.0 cm
Ti85626	1	Flexgleis, Länge 53.0 cm
Ti85626	1	Flexgleis, Länge 45.5 cm
Ti85626	1	Flexgleis, Länge 31.7 cm
Ti85626	1	Flexgleis, Länge 26.6 cm
Ti85626	1	Flexgleis, Länge 46.5 cm
Ti85626	1	Flexgleis, Länge 38.9 cm
Ti85626	1	Flexgleis, Länge 30.4 cm
Ti85626	1	Flexgleis, Länge 6.1 cm
Ti85626	1	Flexgleis, Länge 35.6 cm
Ti85626	1	Flexgleis, Länge 32.4 cm

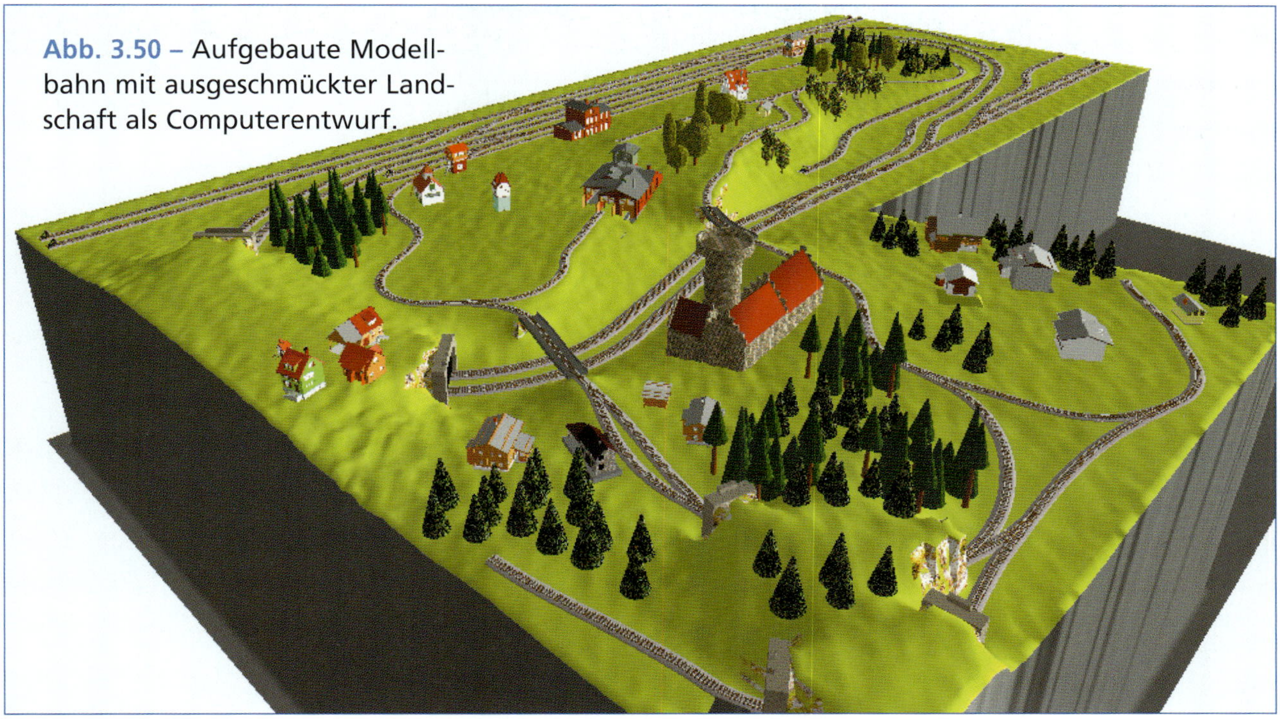

Abb. 3.50 – Aufgebaute Modellbahn mit ausgeschmückter Landschaft als Computerentwurf.

Stückliste		
Gleisbezeichnung	**Anzahl**	**Gleistyp**
Ti85626	1	Flexgleis, Länge 29.6 cm
Ti85626	1	Flexgleis, Länge 19.6 cm
Ti85626	1	Flexgleis, Länge 10.9 cm
Ti85626	1	Flexgleis, Länge 26.9 cm
Ti85626	1	Flexgleis, Länge 28.6 cm
Ti85626	1	Flexgleis, Länge 41.3 cm
Ti85626	1	Flexgleis, Länge 29.5 cm
Ti85626	1	Flexgleis, Länge 42.3 cm
Ti85125	1	Flexgleis, Länge 62.6 cm
Ti85125	1	Flexgleis, Länge 64.5 cm
Ti85125	1	Flexgleis, Länge 12.4 cm
Ti85125	1	Flexgleis, Länge 37.4 cm
Ti85125	1	Flexgleis, Länge 21.4 cm
Ti85125	1	Flexgleis, Länge 37.3 cm
Ti85125	1	Flexgleis, Länge 31.1 cm
Ti85125	1	Flexgleis, Länge 31.3 cm
Ti85125	1	Flexgleis, Länge 37.1 cm
Ti85125	1	Flexgleis, Länge 60.5 cm
Ti85125	1	Flexgleis, Länge 50.0 cm

Plan 31: Kurvenreiche Strecke auf zwei Ebenen

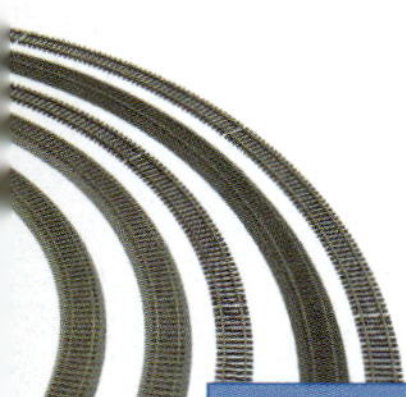

Diese unkonventionelle Modellbahn zeigt einen eineinhalbgleisigen Streckenverlauf über zwei Ebenen. Die Hauptstrecke führt über zwei Rampen an beiden Seiten auf den erhöht gelegenen Bahnhof und bildet so einen Kreis. In der Mitte der Anlage ist auf einer Rampe ein weiterer Schienenkreis verlegt, sodass die Züge zusammen mit dem linken Kreis eine „8" befahren – ein Wechsel auf die Hauptstrecke ist möglich. Die Anlage ist vor allem für den Spielbetrieb ge-

Stückliste

Gleisbezeichnung	Anzahl	Gleistyp
FI9135	19	Gebogenes Gleis, 30 Grad, Radius 430 mm
FI9100	15	Gerades Gleis, Länge 222 mm
FI9101	14	Gerades Gleis, Länge 111 mm
FI9130	13	Gebogenes Gleis, 30 Grad, Radius 396.4 mm
FI9136	11	Gebogenes Gleis, 15 Grad, Radius 430 mm
FI9103	4	Gerades Gleis, Länge 55.5 mm
FI9104	4	Gerades Gleis, Länge 27.75 mm
FI9116	4	Prellbockgleis
FI9127	4	Gebogenes Gleis, 15 Grad, Radius 225.6 mm
FI9170	3	Normalweiche links für Handbetrieb
FI9102	3	Gerades Gleis, Länge 57.5 mm
FI9422	3	Elektromagnetischer Weichenantrieb Unterflur „links"
FI9106	2	Flexibles Gleis, Länge 777 mm
FI9125	2	Gebogenes Gleis, 45 Grad, Radius 225.6 mm
FI9180	2	Elektrische Normalweiche links
FI9158	2	Dreiwegweiche elektrisch
Tunnel	2	Tunnelportal eingleisig
FI9122	1	Gebogenes Gleis, 15 Grad, Radius 192 mm
FI9131	1	Gebogenes Gleis, 15 Grad, Radius 396.4 mm
FI9171	1	Normalweiche rechts für Handbetrieb
FI9110	1	Ausgleichsgleis gerade, Länge 88 mm
FI9110	1	Ausgleichsgleis gerade, Länge 108 mm
Tunnel	1	Tunnelportal zweigleisig
FI9421	1	Elektromagnetischer Weichenantrieb Unterflur „rechts"

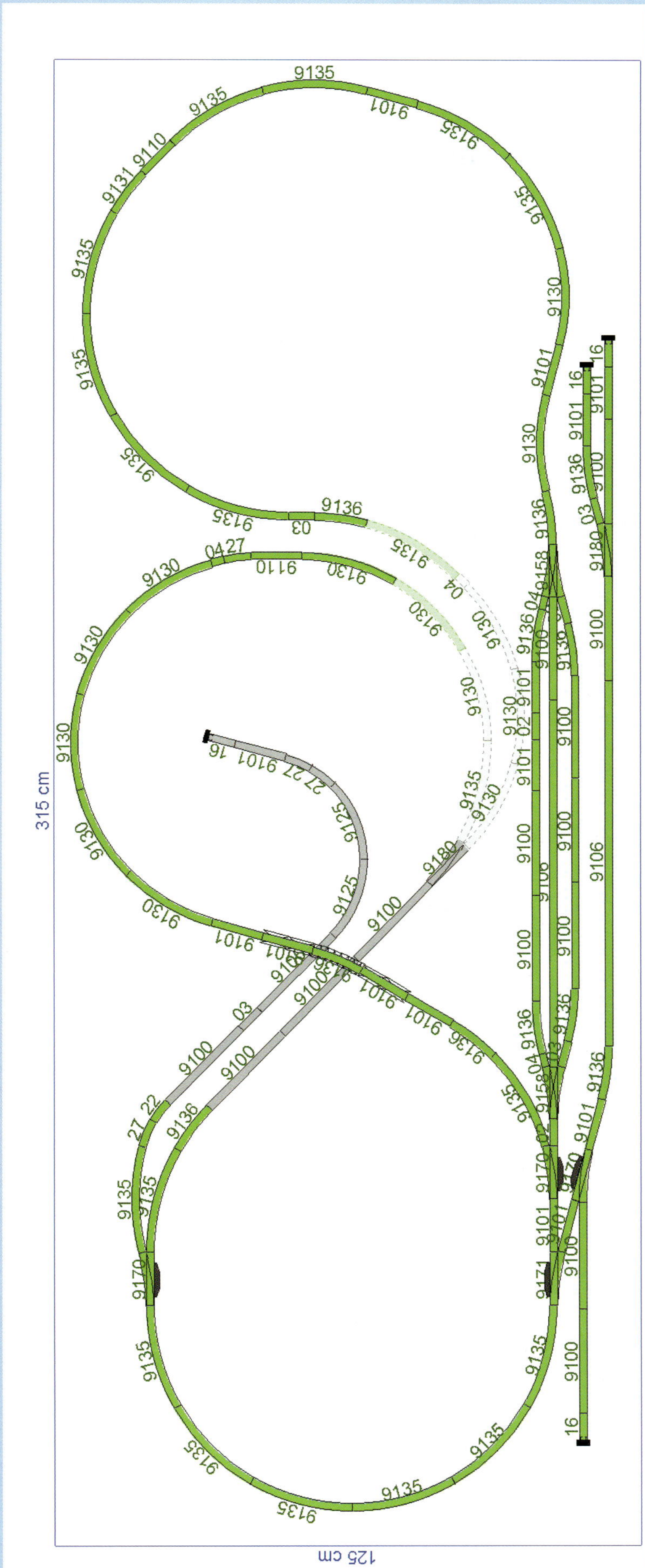

Abb. 3.51 – Gleisplan 31

Anlagen-Daten
Spurweite: N
Gleistyp: Fleischmann N Piccolo-Gleis
System: Zweileiter Gleichstrom
Bodenplatte: 315 cm x 125 cm
Gleislänge: 17,5 m

dacht. Zwei gleichzeitig fahrende Züge muss man dabei kollisionsfrei steuern. Diese Modellbahn zeigt außerdem, wie platzaufwendig Schienenkreise sein können. Obwohl sich die verlegten Gleise in Grenzen halten, ist für diese Anlage ein über 3 m langes Grundbrett erforderlich – für eine N-Anlage eine beachtliche Größe.

Die Rampen für die Gleisstrecken kann man in eine sanfte Hügellandschaft betten. Sie können aber auch aus steilen Stützmauern bestehen, um Platz für eine Siedlung zu gewinnen. In den mittleren Schienenkreis führt ein Abstellgleis, das für einen größeren Firmenkomplex infrage kommt.

Plan 32: Modellbahn auf kleinstem Raum

Ist so gut wie kein Platz für eine Modellbahn vorhanden, ist man auf Kleinstanlagen angewiesen. Diese Modellbahn der Spurweite Z benötigt kaum mehr als ein Viertel Quadratmeter. Sie können einen Kreis mit Ausweichgleis unterbringen, das in einen Bahnhof mündet. Zwei Abstellgleise erlauben außerdem einen bescheidenen Rangierbetrieb. Trotz der geringen Brettgröße bleibt Platz für ein Dorf mit zahlreichen Details wie Obstbäumen und schmalen Straßen (Abb. 3.53). Diese Mini-Modellbahn eignet sich auch für größere Spurweiten. Selbst in der relativ großen H0-Spur können Sie diese Anlage auf einer rund 1 m² großen Grundplatte aufbauen.

Anlagen-Daten

Spurweite: Z
Gleistype: Märklin Z-Gleis
System: Zweileiter Gleichstrom
Bodenplatte: 60 cm x 50 cm
Gleislänge: 2,7 m

Stückliste

Gleisbezeichnung	Anzahl	Gleistyp
Mä8531	4	Gleis gebogen, Radius 220 mm, 30 Grad
Mä8530	3	Gleis gebogen, Radius 220 mm, 45 Grad
Mä8510	3	Gleis gebogen, Radius 145 mm, 45 Grad
Mä8520	2	Gleis gebogen, Radius 195 mm, 45 Grad
Mä8521	2	Gleis gebogen, Radius 195 mm, 30 Grad
Mä8500	2	Gleis gerade, Länge 110 mm
Mä8503	2	Gleis gerade, Länge 55 mm
Mä8504	2	Gleis gerade, Länge 25 mm
Mä8991	2	Prellbock
Mä8563R	1	Elektroweiche rechts, Radius 490 mm, 13 Grad
Mä8568L	1	Kurvenweiche links
Mä8560	1	Doppelte Kreuzungsweiche
Mä8592	1	Ausgleichsgleis gerade, Länge 100 mm

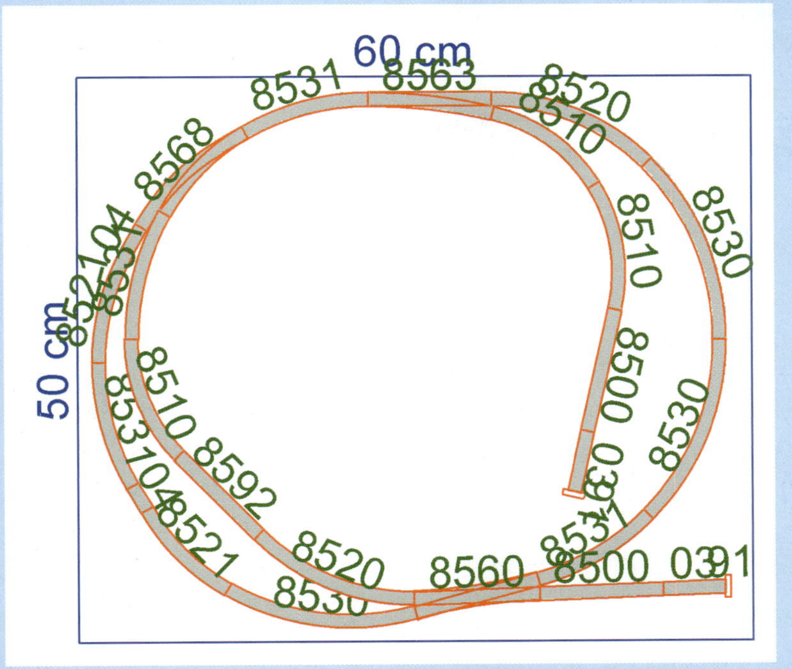

Abb. 3.52 – Gleisplan 32

Abb. 3.53 – In der Mitte der Z-Minibahn ist genug Platz für eine dörfliche Siedlung mit Kirche, Häusern und Bahngebäuden.

Plan 33: Minibahn mit Rangierbetrieb

Obwohl diese Z-Modellbahn etwas mehr Fläche als der Gleisplan 32 benötigt, ist auch sie für Eisenbahnfreunde interessant, die nur sehr wenig Platz zur Verfügung haben. Auf der Grundfläche von einem knappen halben Quadratmeter sind neben dem Gleisoval Ausweichgleise und mehrere Abstellgleise untergebracht, die einfachen Rangierbetrieb erlauben. Platz für weitere Schienen ist vorhanden, oder man stellt einige Häuschen für eine kleine Siedlung auf.

Selbstverständlich eignet sich dieser Gleisplan auch für größere Spurweiten und kommt dann als Spielzeug für Kinder im Grundschulalter infrage. Da die Anlage leicht zu durchschauen ist, stellt sie keine besondere Anforderung an den Spielbetrieb.

Anlagen-Daten

Spurweite: Z
Gleistyp: Märklin Z-Gleis
System: Zweileiter Gleichstrom
Bodenplatte: 95 cm x 50 cm
Gleislänge: 5,4 m

Stückliste

Gleisbezeichnung	Anzahl	Gleistyp
Mä8500	7	Gleis gerade, Länge 110 mm
Mä8530	6	Gleis gebogen, Radius 220 mm, 45 Grad
Mä8520	6	Gleis gebogen, Radius 195 mm, 45 Grad
Mä8510	4	Gleis gebogen, Radius 145 mm, 45 Grad
Mä8563R	4	Elektroweiche rechts, Radius 490 mm, 13 Grad
Mä8991	4	Prellbock
Mä8505	4	Gleis gerade, Länge 220 mm
Mä8591	3	Gleis gebogen, Radius 490 mm, Gegenbogen
Mä8562L	2	Elektroweiche links, Radius 490 mm, 13 Grad
Mä8503	1	Gleis gerade, Länge 55 mm
Mä8504	1	Gleis gerade, Länge 25 mm
Mä8521	1	Gleis gebogen, Radius 195 mm, 30 Grad
Mä8560	1	Doppelte Kreuzungsweiche

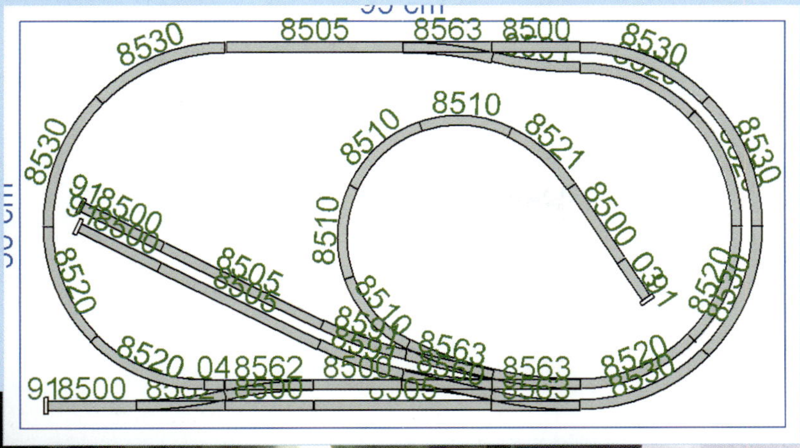

Abb. 3.54 – Gleisplan 33

Abb. 3.55 – Bahnhof in Stainach-Irdnung in Österreich.

Plan 34: Minibahn mit zweigleisiger Strecke

Diese Modellbahn der Z-Spur benötigt wie die Bahnen der Gleispläne 32 und 33 nur eine 50 cm tiefe Grundplatte, hat aber eine zweigleisige Strecke. Neben dem Parken von Zügen erlauben die Abstellgleise auch, Firmen per Gleis anzuschließen oder einen kleinen Bahnbetriebsbereich zu bedienen und laden so zum Rangieren ein. Die Lokomotive, die rangiert, kann man über den Stromkreis mit Strom versorgen, der auch das innere Gleisoval einschließt. Auf dem äußeren Schienenkreis kann unabhängig davon ein zweiter Zug fahren. Dieser Gleisplan ist auch für N- und H0-Anlagen zu empfehlen, wenn Sie die Vorteile der digitalen Steuerung nutzen möchten.

Anlagen-Daten

Spurweite: Z
Gleistyp: Märklin Z-Gleis
System: Zweileiter Gleichstrom
Bodenplatte: 145 cm x 50 cm
Gleislänge: 11,7 m

Stückliste

Gleisbezeichnung	Anzahl	Gleistyp
Mä8505	18	Gleis gerade, Länge 220 mm
Mä8500	13	Gleis gerade, Länge 110 mm
Mä8991	11	Prellbock
Mä8563R	8	Elektroweiche rechts, Radius 490 mm, 13 Grad
Mä8520	8	Gleis gebogen, Radius 195 mm, 45 Grad
Mä8503	5	Gleis gerade, Länge 55 mm
Mä8562L	5	Elektroweiche links, Radius 490 mm, 13 Grad
Mä8560	4	Doppelte Kreuzungsweiche
Mä8594	2	Gleis gerade, Länge 660 mm
Mä8504	2	Gleis gerade, Länge 25 mm
Mä8591	2	Gleis gebogen, Radius 490 mm, Gegenbogen
Mä8506	1	Gleis gerade, Länge 108.6 mm
Mä8510	1	Gleis gebogen, Radius 145 mm, 45 Grad
Mä8594	8	Flexgleis (13.4 cm)

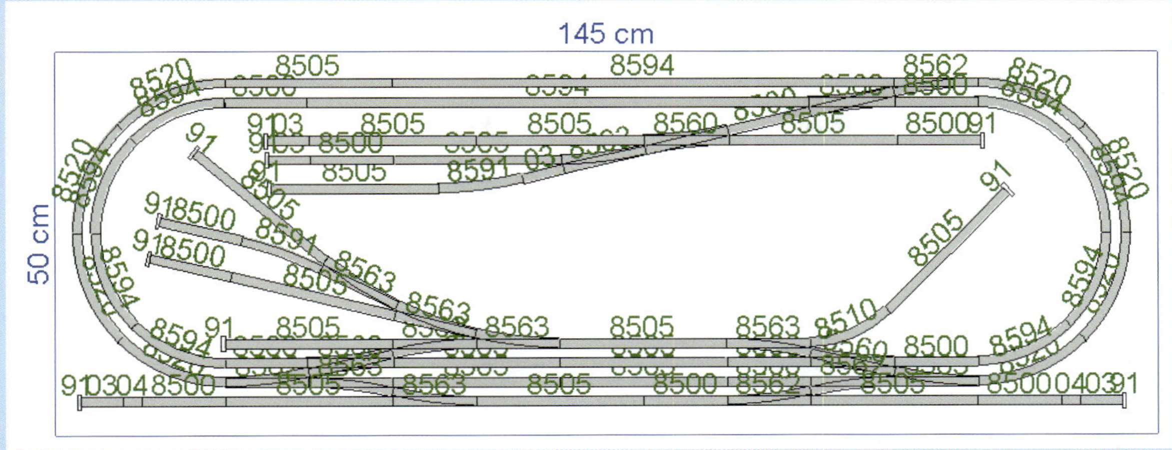

Abb. 3.56 – Gleisplan 34

Plan 35: Spiel- und Rangier-Spaß mit großem Bahnhof

Diese N-Modellbahn hat eine zweispurige, teilweise untertunnelte Hauptstrecke, die in einen großzügigen fünfgleisigen Bahnhof mit mehreren Anschlussgleisen mündet. Ein Blickfang ist der Bahnbetriebsbereich mit Lok-Drehscheibe, einigen Abstellgleisen und einer Kehrschleife, um Züge zu wenden. Neben den ebenerdig verlegten Gleisen gehört eine kleine Bergstrecke zu diesem Gleisplan. Vom Hauptbahnhof kommend fährt sie über einen Bergrücken, auf dem eine kleine Haltestelle mit Abstellgleis liegt. Die Bergstrecke mündet im hinteren Teil des Bahnbetriebsbereichs schließlich in die Kehrschleife. Dadurch können Sie „Bergzüge" entweder wieder zurück über den Berg schicken oder zur Hauptstrecke und damit zum Haupt-

Anlagen-Daten

Spurweite: N
Gleistyp: Fleischmann N-Piccolo-Gleis
System: Zweileiter Gleichstrom
Bodenplatte: 285 cm x 115 cm
Gleislänge: 28 m

bahnhof fahren lassen. Wegen der engen Kurven ist die Bergstrecke nur für kleine Wagen und Loks geeignet. Wenn man sie zusätzlich aufwerten möchte, kommt eine Zahnradbahn infrage, die hohe Steigerungen auf kürzestem Weg zurücklegt. Die Firma Fleischmann hat Zahnradgleise und passende Loks im Lieferprogramm. Zahnrad-Loks sind ebenfalls digital steuerbar und fahren auch auf der ebenerdigen Hauptstrecke.

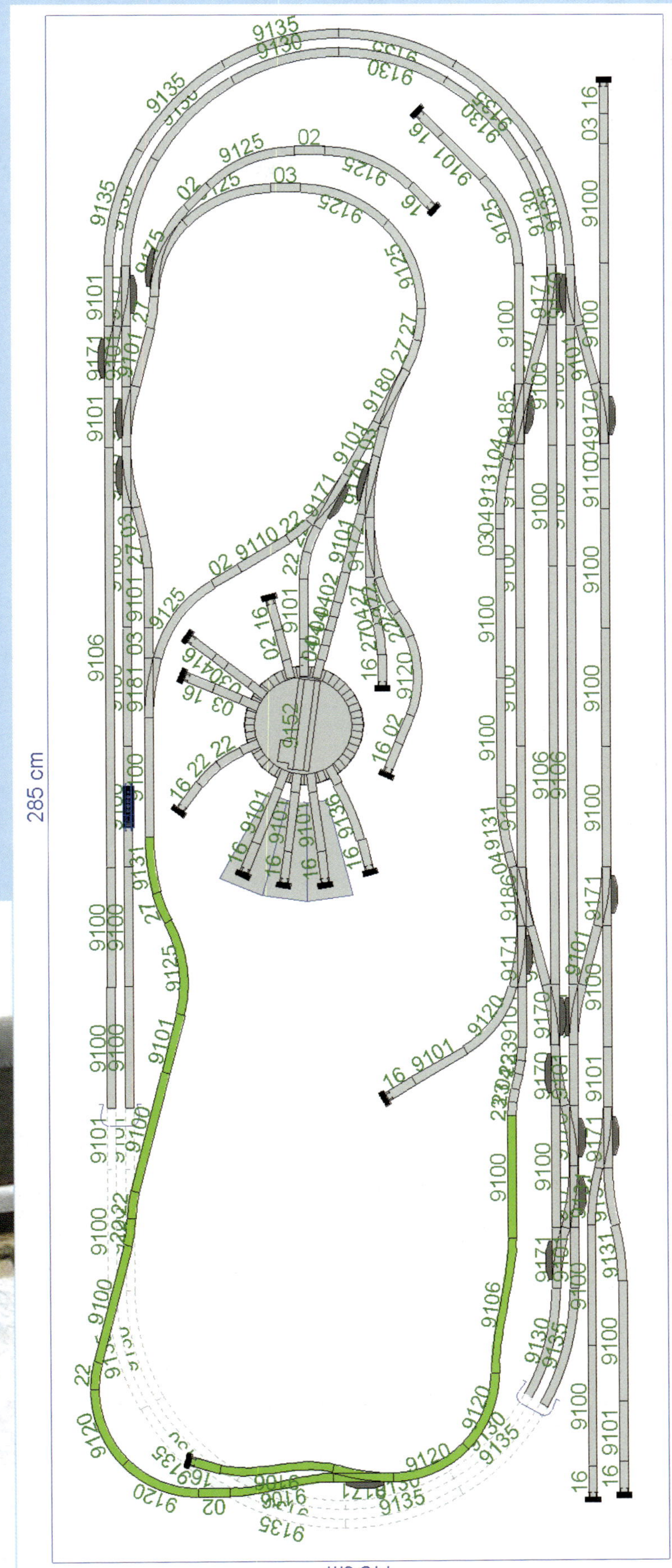

Abb. 3.57 – Gleisplan 35

Stückliste

Gleisbezeichnung	Anzahl	Gleistyp
Fl9100	33	Gerades Gleis, Länge 222 mm
Fl9101	25	Gerades Gleis, Länge 111 mm
Fl9116	17	Prellbockgleis
Fl9421	14	Elektromagnetischer Weichenantrieb Unterflur „rechts"
Fl9104	12	Gerades Gleis, Länge 27.75 mm
Fl9130	12	Gebogenes Gleis, 30 Grad, Radius 396.4 mm
Fl9135	12	Gebogenes Gleis, 30 Grad, Radius 430 mm
Fl9171	12	Normalweiche rechts für Handbetrieb
Fl9122	10	Gebogenes Gleis, 15 Grad, Radius 192 mm
Fl9153:3	10	Auffahrgleis für Drehscheibe 9152
Fl9103	8	Gerades Gleis, Länge 55.5 mm
Fl9125	8	Gebogenes Gleis, 45 Grad, Radius 225.6 mm
Fl9102	7	Gerades Gleis, Länge 57.5 mm
Fl9127	7	Gebogenes Gleis, 15 Grad, Radius 225.6 mm
Fl9170	7	Normalweiche links für Handbetrieb
Fl9422	7	Elektromagnetischer Weichenantrieb Unterflur „links"
Fl9120	6	Gebogenes Gleis, 45 Grad, Radius 192 mm
Fl9131	6	Gebogenes Gleis, 15 Grad, Radius 396.4 mm
Fl9123	5	Gebogenes Gleis, 7.5 Grad, Radius 192 mm
Fl9106	3	Flexibles Gleis, Länge 777 mm
Tunnel	2	Tunnelportal zweigleisig
Fl9136	1	Gebogenes Gleis, 15 Grad, Radius 430 mm
Fl9172	1	Elektrische Normalweiche links

Stückliste

Gleisbezeichnung	Anzahl	Gleistyp
Fl9180	1	Elektrische Normalweiche links
Fl9181	1	Elektrische Normalweiche rechts
Fl9175	1	Bogenweiche rechts für Handbetrieb
Fl9185	1	Doppelte Rechtskreuzungsweiche für Handbetrieb
Fl9186	1	Doppelte Linkskreuzungsweiche elektrisch
Fl9110	1	Ausgleichsgleis gerade, Länge 91 mm
Fl9110	1	Ausgleichsgleis gerade, Länge 94 mm
Fl9110	1	Ausgleichsgleis gerade, Länge 105 mm
Fl9152	1	Drehscheibe elektrisch, Länge 183 mm
Fl9106	1	Flexgleis (25.0 cm)
Fl9106	1	Flexgleis (21.1 cm)
Fl9106	1	Flexgleis (19.6 cm)

Plan 36: Spielbahn mit zweigleisiger Hauptstrecke

Diese Modellbahn hat eine zweigleisige Hauptstrecke mit teils voneinander abweichender Streckenführung. Eine Bergstrecke schlängelt sich über Rampen, Brücken und durch Tunnel. Von einem Hauptgleis zweigt eine diagonal durch die Anlage verlaufende Strecke

Stückliste

Gleisbezeichnung	Anzahl	Gleistyp
Ro22203	27	Gerades Gleis, Länge 104.2 mm
Ro22202	11	Gerades Gleis, Länge 312.6 mm
Ro22224	10	Gebogenes Gleis, 30 Grad, R3a = 295.4 mm
Tunnel	10	Tunnelportal eingleisig
Ro22221	9	Gebogenes Gleis, 30 Grad, R1 = 194.6 mm
Ro22222	9	Gebogenes Gleis, 30 Grad, R2 = 228.2 mm
Ro22201	7	Gerades Flexgleis, Länge 730 mm
Ro22204	7	Gerades Gleis, Länge 54.2 mm
Ro22232	7	Gebogenes Gleis, 6 Grad, R1 = 194.6 mm
Ro22225	7	Gebogenes Gleis, 15 Grad, R4 = 329 mm
Ro22261	7	Elektroweiche links, 15 Grad
Ro22263	6	Elektroweiche rechts, 15 Grad
Ro22207	5	Gerades Gleis, Länge 17.2 mm
Ro22216	5	Prellbock
Ro22223	4	Gebogenes Gleis, 30 Grad, R3 = 261.8 mm
Ro22227	4	Gebogenes Gleis, 15 Grad, R6 = 480 mm
Ro22235	3	Gebogenes Gleis, 15 Grad, R3a = 295.4 mm
Ro22205	2	Gerades Gleis, Länge 50 mm
Ro22234	2	Gebogenes Gleis, 6 Grad, R2 = 228.2 mm
Ro22226	2	Gebogenes Gleis, 15 Grad, R5 = 362.6 mm
Ro22273	2	Bogenweiche R1-R2 links
Ro22275	2	Bogenweiche R1-R2 rechts
Ro22218	2	Weichenantrieb links
Ro22219	2	Weichenantrieb rechts
Ro22206	1	Gerades Gleis, Länge 33.6 mm
Ro22233	1	Gebogenes Gleis, 24 Grad, R2 = 228.2 mm
Ro22228	1	Gebogenes Gleis, 12 Grad, R7 = 765 mm
Ro22246	1	Elektro-Kreuzungsweiche, 15 Grad

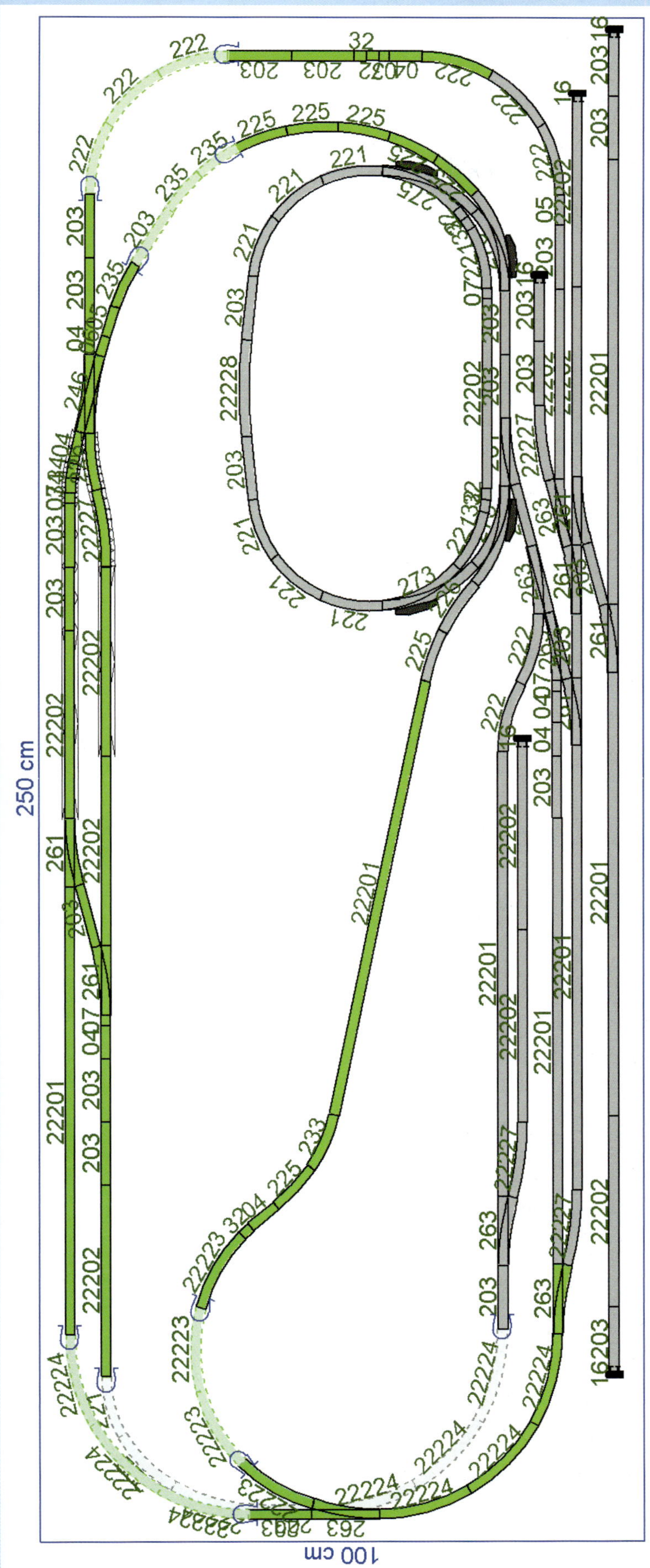

ab, die in einem kleinen, als Industriebahn ausgelegten Gleisoval endet. Der Streckenverlauf dieser „dritten“ Linie bildet eine Kehrschleife, sodass Züge in beide Richtungen fahren können. Die Anlage lässt genug Platz, um Häuser aufzubauen und die Modellbahn mit anderem Ambiente auszuschmücken, hat allerdings wenig Platz für Waggons und Loks. Auf Wunsch können Sie den Bahnhof um ein zusätzliches Gleis erweitern. Darf die Grundplatte rund 15 cm tiefer sein, können Sie am vorderen Rand zwei zusätzliche Schienenstrecken als Abstell- oder Durchfahr-Gleise verlegen.

Anlagen-Daten

Spurweite: N
Gleistype: Roco Spur-N-Gleis
System: Zweileiter Gleichstrom
Bodenplatte: 250 cm x 100 cm
Gleislänge: 20,1 m

Abb. 3.58 – Gleisplan 36

Plan 37: Reizvolle Landschaft mit zwei Bergbahnen

Anlagen-Daten
Spurweite: H0
Gleistyp: Tillig H0 Elite
System: Zweileiter Gleichstrom
Bodenplatte: 300 cm x 150 cm
Gleislänge: 23,8 m

Diese Eisenbahnanlage betont die Landschaft. Im hinteren Teil steht ein Berg, den zwei Stichbahnen auf einer ovalen Gleisstrecke befahren. Die Hauptstrecke ist zum Großteil untertunnelt und nur im Bahnhofsbereich, der einige Abstellgleise und Weichen beherbergt, sichtbar. Ein drittes Gleis kommt für Ladetätigkeiten infrage. Vom Bahnhof zweigt auch eine Gebirgsbahn ab, die im Gleisplan grün eingezeichnet ist und in einem kleinen zweigleisigen Kopfbahnhof endet. Unter der Alpinstrecke ver-

Abb. 3.59 – Ein Berggasthof wertet die Landschaft der Modellbahn auf.

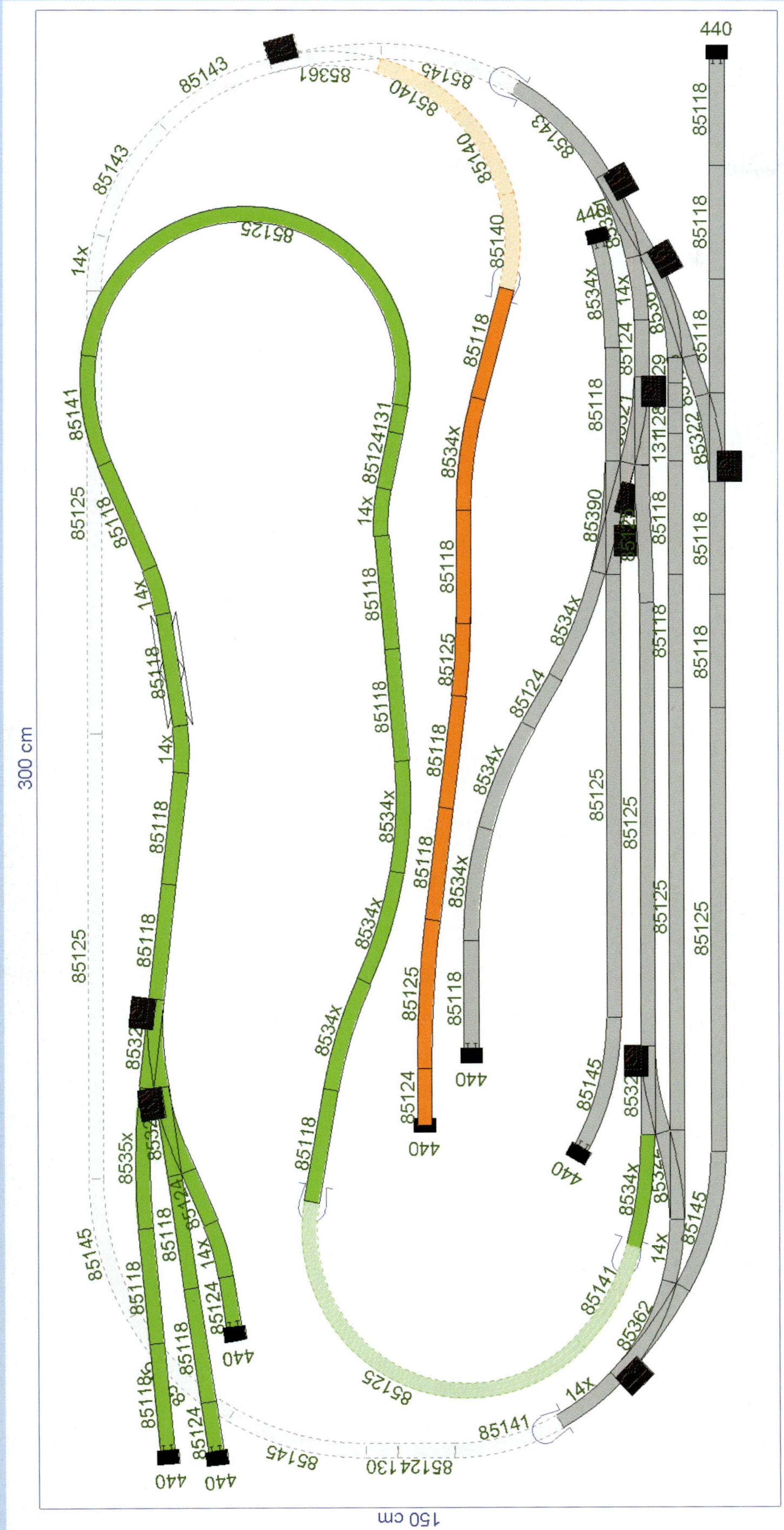

läuft eine orange einzeichnete Industriebahn, die zu einem Steinbruch führt. Da beide „Bergbahnen“ räumlich teils sehr nahe nebeneinander liegen, ist eine Stützmauer erforderlich. Das Besondere der Industriebahn ist, dass sie nur als gerades Gleisstück frei sichtbar ist und schließlich in einem Tunnel verschwindet. Diese Modellbahn hat nicht nur genügend Platz für einen schönen Berg. Sie können auch Wälder und Wiesen anlegen sowie Bahnhofsgebäude, eine kleine Industrieanlage und alpin geprägte Häuser aufstellen.

Abb. 3.60 – Gleisplan 37

Stückliste

Gleisbezeichnung	Anzahl	Gleistyp
Ti85118	24	Gleis gerade G1, Länge 228 mm
Ti86110	11	Motorischer Weichenantrieb (Unterflur)
Ti85124	8	Gleis gerade G2, Länge 114 mm
Ti82440	8	Prellbock
Ti8534x	9	Gegenbogen R866 / 15 Grad (Selbstbau)
Ti85125	6	Gerades Flexgleis, Länge 890 mm
Ti85145	6	Gleis gebogen R41, R543 / 30 Grad
Ti85322	5	Weiche links R484 / 15 Grad
Tunnel	5	Tunnelportal eingleisig
Ti85140	3	Gleis gebogen R11, R366 / 30 Grad
Ti8514x	3	Gleis gebogen R12, R366 / 15 Grad (Selbstbau)
Ti85141	3	Gleis gebogen R21, R425 / 30 Grad
Ti85143	3	Gleis gebogen R31, R484 / 30 Grad
Ti85131	2	Gleis gerade G4, Länge 57 mm
Ti8514x	2	Gleis gebogen R22, R425 / 15 Grad (Selbstbau)
Ti85129	2	Gleis gerade G6, Länge 50 mm
Ti8514x	2	Gleis gebogen R32, R484 / 15 Grad (Selbstbau)
Ti85321	2	Weiche rechts R484 / 15 Grad
Ti85361	2	Innenbogenweiche rechts R866:425 / 15 Grad:30 Grad
Ti85130	1	Gleis gerade G3, Länge 64 mm
Ti85128	1	Gleis gerade G5, Länge 53 mm
Ti8514x	1	Gleis gebogen R42, R543 / 15 Grad (Selbstbau)
Ti8535x	1	Gegenbogen R1350 / 12 Grad (Selbstbau)
Ti85362	1	Innenbogenweiche links R866:425 / 15 Grad:30 Grad
Ti85390	1	Doppelte Kreuzungsweiche 15 Grad
Ti85125	1	Flexgleis (8.2 cm)
Ti85125	1	Flexgleis (81.0 cm)
Ti85125	1	Flexgleis (103.3 cm = 1 x 89 cm + 14.3 cm)
Ti85125	1	Flexgleis (14.7 cm)
Ti85125	1	Flexgleis (29.3 cm)
Ti85125	1	Flexgleis (27.6 cm)

Plan 38: Mehrere N-Züge auf langen Strecken

Dieser Gleisplan fußt zwar auf einer eingleisigen Modellbahn als Gleisoval, erweckt aber durch die in zwei Ebenen geführten Schienen den Eindruck einer Berg- und einer Tal-Strecke. Diesen Eindruck unterstreichen viele Tunnel im Berg, sodass der Betrachter den tatsächlichen Streckenverlauf nicht sieht. Wegen der langen Schienenstrecken können Sie mit digitaler Steuerung bedenkenlos drei oder vier Züge gleichzeitig fahren lassen, was den Spielwert der Anlage erhöht. Neben dem Bahnhof hat diese Eisenbahnanlage zwei Haltestellen mit je einem Ausweichgleis. Da dieser Gleisplan Platz beansprucht, ist er im privaten Bereich nur für kleine Spurweiten anzuraten. Für die N-Spur ist bereits eine Bretttiefe von 1,40 m erforderlich, obwohl enge Kurven verlegt wurden. Bei einer H0-Anlage müsste man etwa das Doppelte, also rund 2,80 m einrechnen.

Anlagen-Daten

Spurweite: N
Gleistyp: Minitrix Spur-N-Gleis
System: Zweileiter Gleichstrom
Bodenplatte: 250 cm x 140 cm
Gleislänge: 15,8 m

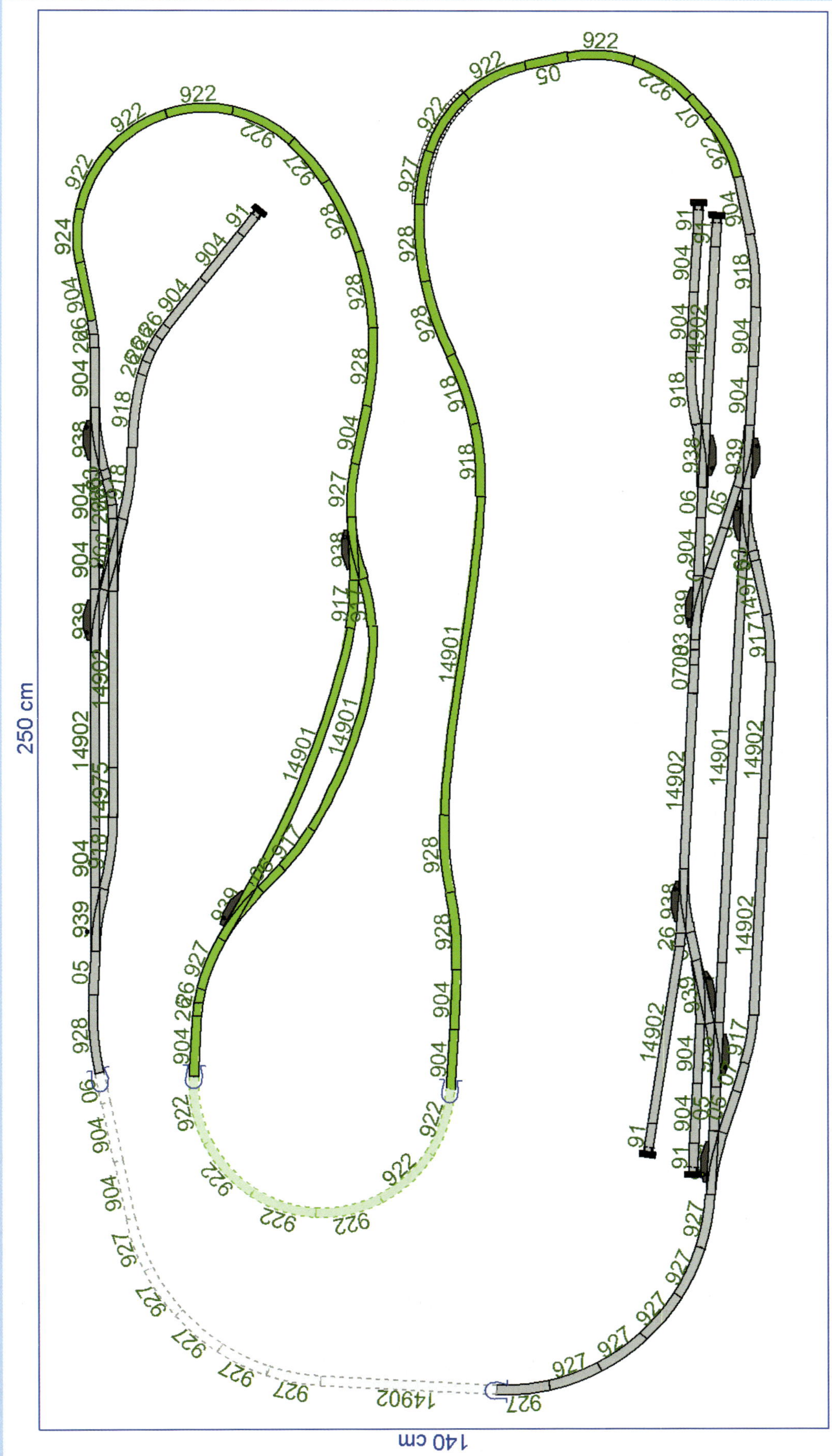

Abb. 3.61 –
Gleisplan 38

Stückliste

Gleisbezeichnung	Anzahl	Gleistyp
Tr14904	22	Gerades Gleis, Länge 104.2 mm
Tr14922	15	Gebogenes Gleis, 30 Grad R2 = 228.2 mm
Tr14927	15	Gebogenes Gleis, 15 Grad, R4 = 362.6 mm
Tr66740	14	Beleuchtung für Laterne
Tr14926	12	Gebogenes Gleis, 6 Grad, R2 = 228.2 mm
Tr14902	8	Gerades Gleis, Länge 312.6 mm
Tr14928	8	Gebogenes Gleis, 15 Grad, R6 = 526.2 mm
Tr66742	8	Weichenlaterne rechts
Tr14918	7	Gebogenes Gleis, 15 Grad, R5 = 492.6 mm
Tr14939	7	Handweiche rechts, R4-15 Grad mit polarisiertem Herzstück
Tr14905	6	Gerades Gleis, Länge 76.3 mm
Tr14938	6	Handweiche links, R4-15 Grad, mit polarisiertem Herzstück
Tr14934	6	Elektromagnetischer Antrieb Unterflur für Rechtsweiche
Tr14935	6	Elektromagnetischer Antrieb Unterflur für Linksweiche
Tr66741	6	Weichenlaterne links
Tr14991	5	Prellbockgleis
Tr14917	5	Gebogenes Gleis, 15 Grad, R3 = 329 mm
Tr14907	4	Gerades Gleis, Länge 50 mm
Tr14903	4	Gerades Gleis, Länge 17.2 mm
Tunnel	4	Tunnelportal eingleisig
Tr14906	3	Gerades Gleis, Länge 54.2 mm
Tr14901	1	Gerades Flexgleis, Länge 730 mm
Tr14908	1	Gerades Gleis, Länge 27.9 mm
Tr14924	1	Gebogenes Gleis, 24 Grad, R2 = 228.2 mm
Tr14960	1	Elektrische Doppel-Kreuzungsweiche R4-15 Grad
Tr14975	1	MINITRIX Vario-Gleis, Länge 89 mm
Tr14975	1	MINITRIX Vario-Gleis, Länge 98 mm
Tr14901	1	Flexgleis (56.9 cm)
Tr14901	1	Flexgleis (48.7 cm)
Tr14901	1	Flexgleis (38.2 cm)

Plan 39: Mehr als zwölf Züge gleichzeitig fahren lassen

Diese Modellbahn der Superlative erlaubt vielfältigen Spielbetrieb auf sechs zweigleisigen Strecken. Eine Schienenstrecke ist durch großzügige Kurven besonders für den Schnellzugverkehr geeignet. Für den Güterverkehr und Lokalbahnen kommt die innen liegende Bahnstrecke mit einigen engen Kurven infrage, die ebenfalls ebenerdig verläuft. Dazu kommt ein großzügiger achtgleisiger Bahnhof, der den Wechsel zwischen den einzelnen Fahrspuren erlaubt. Die dritte zweigleisige Strecke führt über Rampen nach oben und überquert die gesamte Modellbahn über eine Brücke. Dadurch gelangen die Gleise zum zweiten Abschnitt der Anlage, der im L-Schenkel der Grundplatte untergebracht ist, und münden dort in eine Alpinstrecke. Von der inneren zweigleisigen Strecke der rechteckig angeordneten Hauptbahnen zweigt außerdem ein weiterer, als Hochgebirgsbahn ausgeführter Schienenstrang ab. Dieser verläuft anfangs parallel zur ersten Bergstrecke über den Bahnhofsbereich und windet sich anschließend in die Höhe. Die Gleise sind, anders als die anderen Routen, als Kehrschleife verlegt. Dadurch mündet die Gebirgsbahn wieder in die innere zweigleisige Strecke, die dort eine weitere Kehrschleife besitzt. Sie können alpine Züge wenden und wieder auf das Berggleis fahren lassen, das wegen der engen Kurven als einzige Schienenstrecke nicht für lange Wagen geeignet ist. Da im Bergteil nur wenige Gleise untergebracht sind, lässt sich die Landschaft reizvoll gestalten.

Anlagen-Daten

Spurweite: H0
Gleistyp: Fleischmann H0-Modell-Gleis
System: Zweileiter Gleichstrom
Bodenplatte in L-Form: a = 430 cm
b = 600 cm
c = 180 cm
d = 200 cm
Gleislänge: 114,1 m

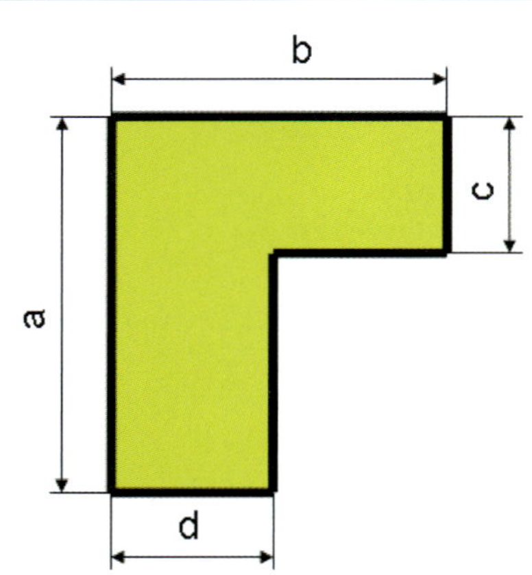

Abb. 3.62 – Schema der Grundplatte in L-Form.

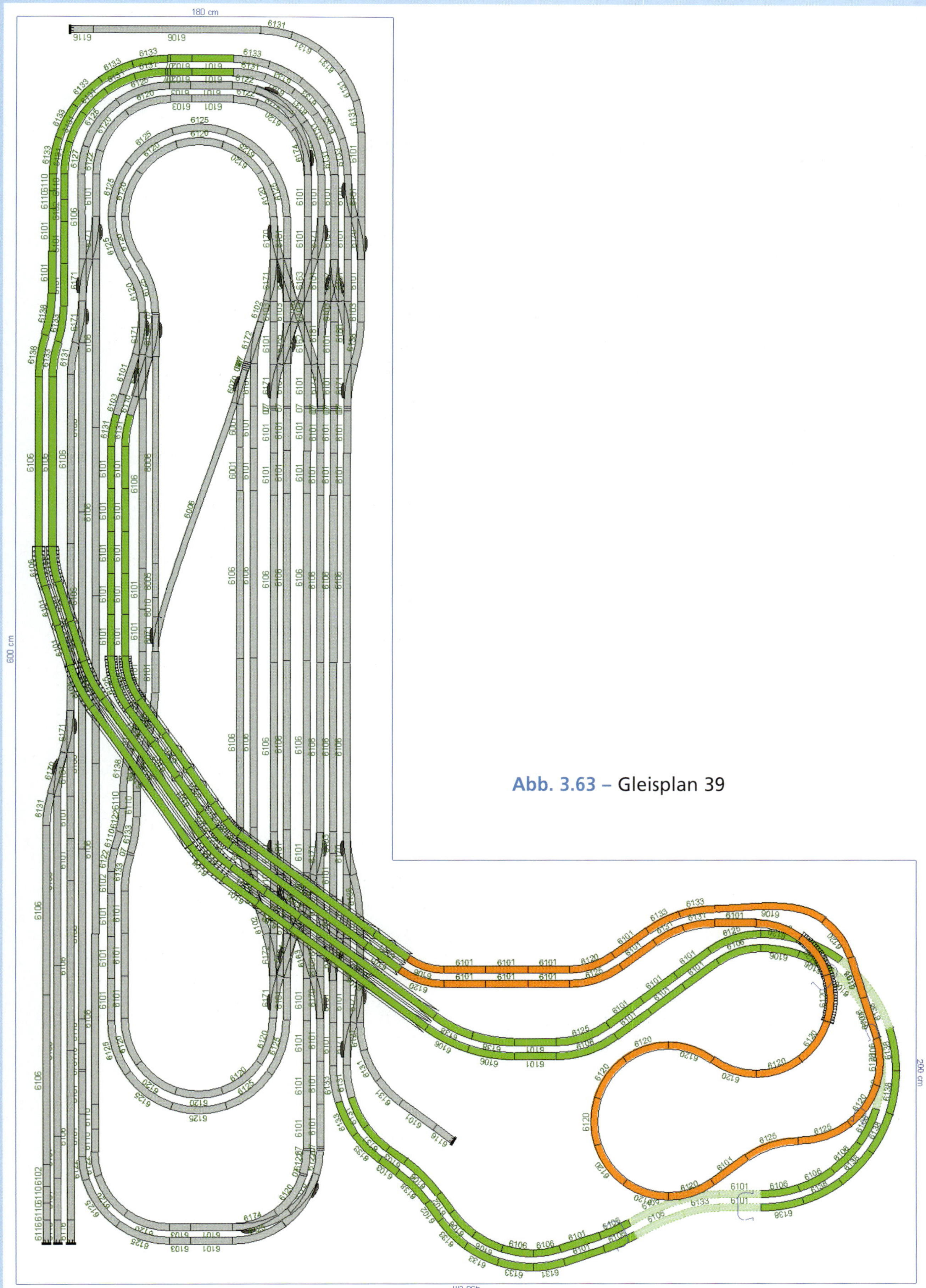

Abb. 3.63 – Gleisplan 39

Stückliste

Gleisbezeichnung	Anzahl	Gleistyp
Fl6101	131	Gerades Gleis, Länge 200 mm
Fl6106	43	Gerades Flexgleis, Länge 800 mm
Fl6120	36	Gebogenes Gleis, 36 Grad, Radius 356.5 mm
Fl6131	27	Gebogenes Gleis, 18 Grad, Radius 483.5 mm
Fl6133	26	Gebogenes Gleis, 18 Grad, Radius 547 mm
Fl6107	25	Gerades Gleis, Länge 10 mm
Fl6125	24	Gebogenes Gleis, 36 Grad, Radius 420 mm
Fl6138	22	Gebogenes Gleis, 18 Grad, Radius 647 mm
Fl6103	19	Gerades Gleis, Länge 100 mm
Fl6441	19	Elektromagnetischer Weichenantrieb Unterflur „rechts"
Fl6442	16	Elektromagnetischer Weichenantrieb Unterflur „links"
Fl6171	15	Normalweiche rechts für Handbetrieb
Fl6122	10	Gebogenes Gleis, 18 Grad, Radius 356.5 mm
Fl6102	9	Gerades Gleis, Länge 105 mm
Fl6170	7	Normalweiche links für Handbetrieb
Fl6110	6	Ausgleichstück, Länge 80 mm
Fl6116	5	Prellbockgleis
Fl6110	5	Ausgleichstück, Länge 118 mm
Fl6110	4	Ausgleichstück, Länge 83 mm
Fl6172	3	Elektrische Normalweiche links
Fl6164	3	Doppelte Linkskreuzungsweiche für Handbetrieb
Tunnel	3	Tunnelportal zweigleisig
Fl6001	2	Gerades Gleis, Länge 204 mm
Fl6127	2	Gebogenes Gleis, 18 Grad, Radius 420 mm
Fl6180	2	Elektrische Schnellfahrweiche links
Fl6181	2	Elektrische Schnellfahrweiche rechts
Fl6174	2	Bogenweiche links für Handbetrieb
Fl6175	2	Bogenweiche rechts für Handbetrieb
Fl6157	2	Dreiwegweiche für Handbetrieb
Fl6165	2	Doppelte Rechtskreuzungsweiche für Handbetrieb
Fl6160	2	Kreuzung, Winkel 36 Grad
Fl6162	2	Kreuzung links, Winkel 18 Grad
Fl6163	2	Kreuzung rechts, Winkel 18 Grad
Tunnel	2	Tunnelportal eingleisig
Fl6110	1	Ausgleichstück, Länge 92 mm
Fl6110	1	Ausgleichstück, Länge 112 mm

Stückliste		
Gleisbezeichnung	**Anzahl**	**Gleistyp**
Fl6005	1	Gerades Gleis, Länge 165 mm, Ausgleichsstück
Fl6006	2	Gerades Flexgleis, Länge 981 mm
Fl6070	1	Handweiche links, Radius 415 mm, 15 Grad
Fl6071	1	Handweiche rechts, Radius 415 mm, 15 Grad
Fl6010	1	Ausgleichstück, Länge 92 mm
Fl6421	1	Elektromagnetischer Weichenantrieb Unterflur „rechts"
Fl6422	1	Elektromagnetischer Weichenantrieb Unterflur „links"
Fl6106	11	Flexgleis (18.2 cm)
Fl6106	5	Flexgleis (22.4 cm)
Fl6106	3	Flexgleis (15.1 cm)
Fl6106	2	Flexgleis (19.3 cm)
Fl6106	2	Flexgleis (22.2 cm)
Fl6106	1	Flexgleis (16.8 cm)
Fl6106	1	Flexgleis (25.1 cm)
Fl6106	1	Flexgleis (30.6 cm)
Fl6106	1	Flexgleis (26.5 cm)
Fl6106	1	Flexgleis (15.4 cm)
Fl6106	1	Flexgleis (13.1 cm)
Fl6106	1	Flexgleis (39.9 cm)
Fl6106	1	Flexgleis (9.1 cm)
Fl6106	1	Flexgleis (53.6 cm)
Fl6006	1	Flexgleis (9.7 cm)

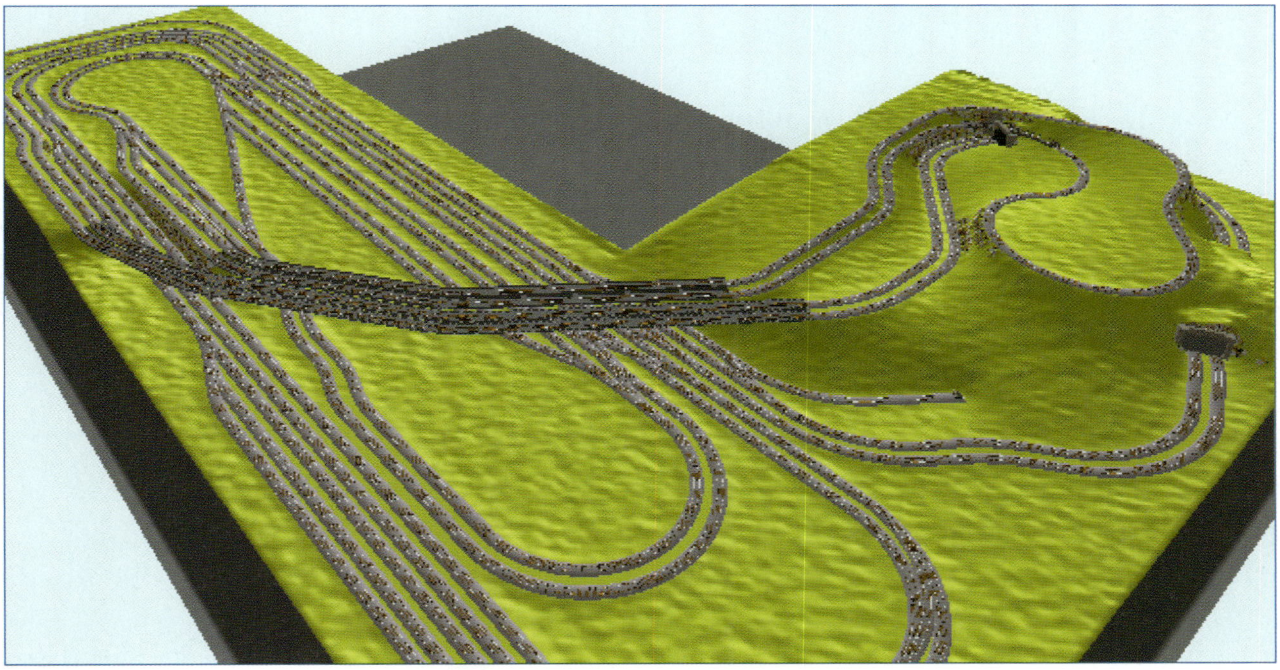

Abb. 3.64 – Die Modellbahn besitzt neben einem großen Bahnhofsareal attraktive Bergstrecken für den Schnell- und Lokalzug-Verkehr.

Plan 40: Großanlage um Rangierbetrieb erweitert

Gleisplan 40 erweitert die im Gleisplan 39 vorgestellte Modellbahn, mit der Sie zwar viele Züge fahren lassen können. Es mangelt aber an Abstellplätzen, die Sie auf der Grundplatte nicht mehr unterbringen können. Dieses Manko behebt diese Anlage mit einem unterirdischen Bahnhof, den die Loks über eine Stichbahn anfahren. Dort können Sie nicht benötigte Züge, Wagen und Lokomotiven parken. Einige der zahlreichen Abstellgleise sind als Durchfahrgleis ausgeführt, die den besonders schnellen Austausch von Zügen zulassen. Da nur ein eingleisiger Anschluss zur Oberfläche führt, sind die unterirdischen Schienen als Kehrschleife verlegt. Diese erlaubt, ohne lange Wartezeiten und Rangierarbeiten, kurzfristig Züge auszutauschen. Sie brauchen dazu nicht einmal die Fahrtrichtung zu wechseln. In welchem Umfang man die unterirdische Anlage realisiert, hängt von den persönlichen Vorlieben ab. Die Stückliste informiert nur über das Gleismaterial, das Sie brauchen, um die Anlage nach Gleisplan 39 wie beschrieben zu erweitern.

Anlagen-Daten

Spurweite: H0
Gleistype: Fleischmann Modell-Gleis-H0
System: Zweileiter Gleichstrom
Bodenplatte in L-Form: a = 430 cm
b = 600 cm
c = 180 cm
d = 200 cm
Gleislänge: 71,1 m

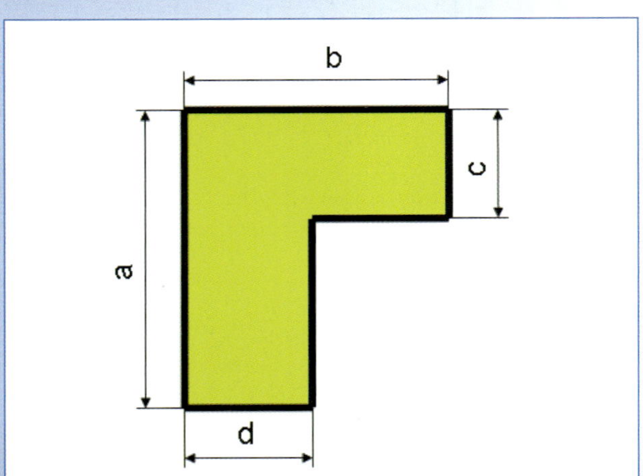

Abb. 3.65 – Schema der Grundplatte in L-Form.

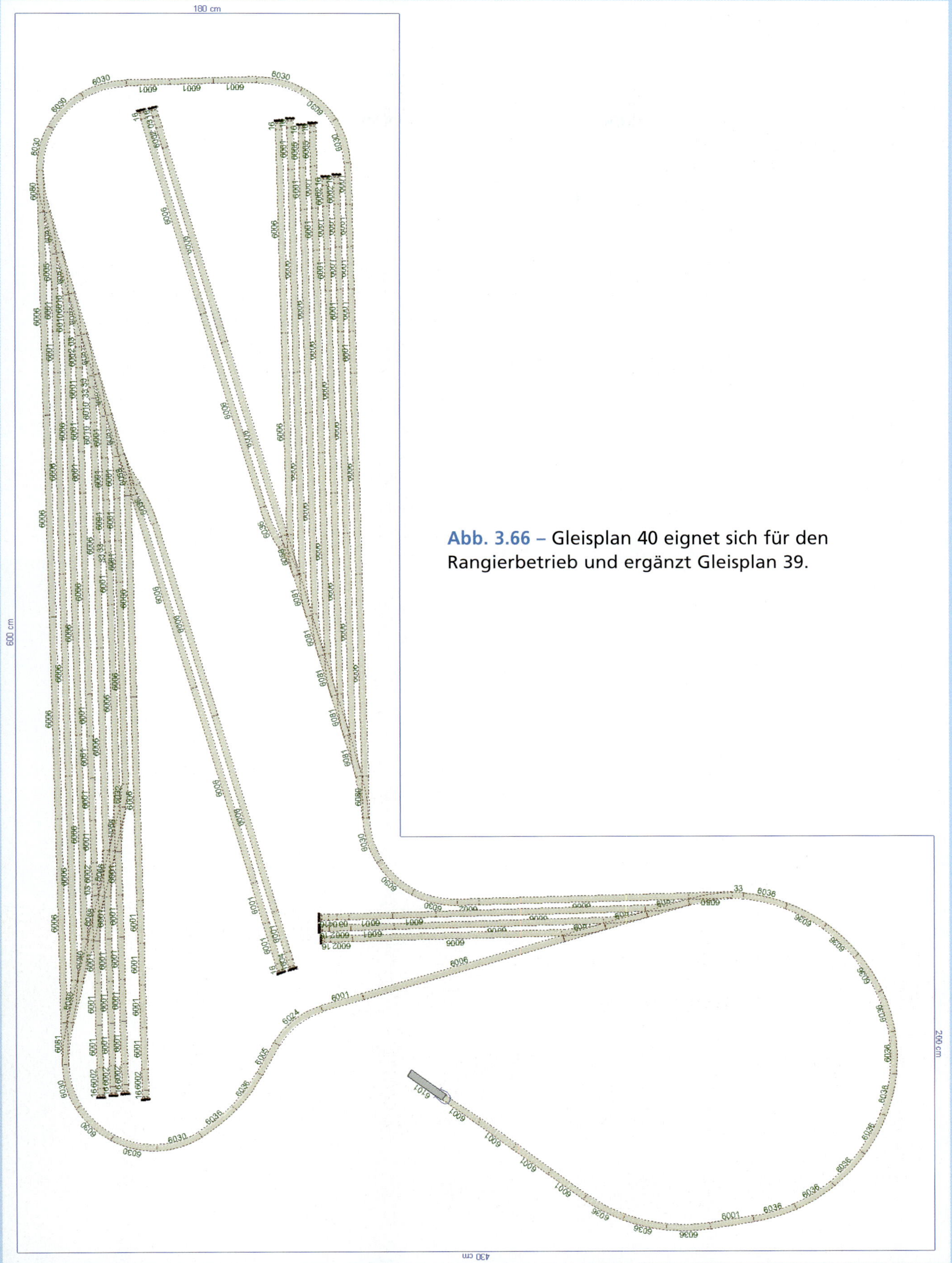

Abb. 3.66 – Gleisplan 40 eignet sich für den Rangierbetrieb und ergänzt Gleisplan 39.

Stückliste – Ergänzung zu Plan 39

Gleisbezeichnung	Anzahl	Gleistyp
Fl6001	61	Gerades Gleis, Länge 204 mm
Fl6006	44	Gerades Flexgleis, Länge 981 mm
Fl6036	18	Gebogenes Gleis, 15 Grad, Gegenbogen
Fl6016	17	Prellbockgleis
Fl6081	15	Elektrische Weiche rechts, Radius 738 mm, 15 Grad
Fl6030	13	Gebogenes Gleis, 30 Grad, Radius 415 mm
Fl6002	12	Gerades Gleis, Länge 102 mm
Fl6033	5	Gebogenes Gleis, 7,5 Grad, Radius 415 mm
Fl6080	5	Elektrische Weiche links, Radius 738 mm, 15 Grad
Fl6003	4	Gerades Gleis, Länge 55 mm
Fl6005	4	Gerades Gleis, Länge 165 mm, Ausgleichsstück
Fl6066	3	Doppelte Kreuzungsweiche, 15 Grad, elektrisch
Fl6004	2	Gerades Gleis, Länge 40 mm
Fl6058	2	Elektrische Dreiwegweiche
Fl6010	2	Ausgleichstück, Länge 117 mm
Fl6024	1	Gebogenes Gleis, 45 Grad, Radius 357 mm
Fl6032	1	Gebogenes Gleis, 15 Grad, Radius 415 mm
Fl6010	1	Ausgleichstück, Länge 83 mm
Fl6010	1	Ausgleichstück, Länge 98 mm
Tunnel	1	Tunnelportal eingleisig

298.52

Plan 41: Große Gebirgsbahn in N-Spurweite

Um sehr umfangreiche Bahnanlagen zu bauen, kommt die N-Spur infrage. Diese Gleisanlage liegt in einer alpinen Bergregion und fußt auf einem zweigleisigen Streckenverlauf.

Anlagen-Daten

Spurweite: N
Gleistyp: Roco Spur-N-Gleis
System: Zweileiter Gleichstrom
Bodenplatte in U-Form: a = 220 cm
b = 450 cm
c = 370 cm
d = 140 cm
e = 245 cm
f = 160 cm
Gleislänge: 62,8 m

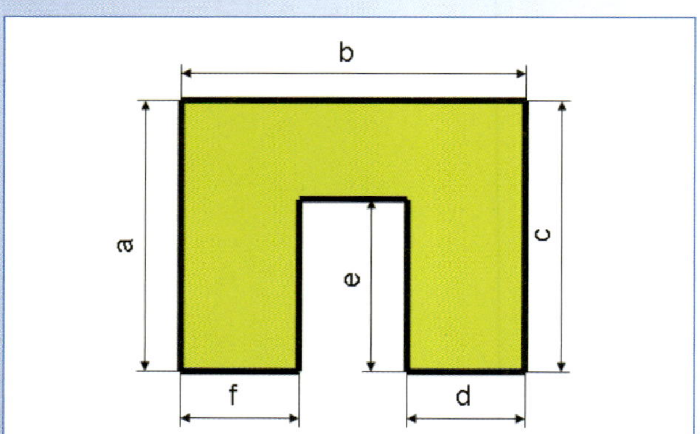

Abb. 3.67 – Schema der U-förmigen Grundplatte.

Die beiden Hauptstrecken, die vom Bahnhof abgehen, sind nicht parallel geführt, was den Eindruck einer eingleisigen Strecke erweckt. Eine dieser Strecken führt nach oben und weitet sich am gegenüberliegenden Schenkel der Grundplatte zu einer zweigleisigen, teilweise durch Tunnel führenden Hochgebirgsstrecke aus. Von ihr zweigt eine kleine Stichbahn ab, die sich noch etwas mehr in die Höhe schlängelt und an zwei Verladegleisen endet. Auf dem Weg zum Tal trennt sich die zweigleisige Strecke wieder. Ein Schenkel führt auf Grundniveau an das Ende des Bahnhofs, an dem die Zugreise begann. Der zweite Streckenverlauf führt teils frei sichtbar in eine Schlucht mit Tunneln. Dort liegt nach einem Abzweig ein verborgener Endbahnhof, der ausreichend Stellmöglichkeiten für Waggons und Loks bereithält. Zuletzt mündet die Strecke über eine asymmetrische Gleiswendel wieder auf das Niveau der Grundplatte und erreicht die andere Seite des Bahnhofs.

Mit über 62 m Gleislänge eignet sich diese Modellbahn hervorragend für einen umfangreichen Fahrbetrieb, auf dem mehrere Züge gleichzeitig unterwegs sein können.

Abb. 3.68 – Gleisplan 41

Stückliste		
Gleisbezeichnung	**Anzahl**	**Gleistyp**
Ro22226	63	Gebogenes Gleis, 15 Grad, R5 = 362.6 mm
Ro22227	59	Gebogenes Gleis, 15 Grad, R6 = 480 mm
Ro22203	55	Gerades Gleis, Länge 104.2 mm
Ro22202	31	Gerades Gleis, Länge 312.6 mm
Tunnel	27	Tunnelportal eingleisig
Ro22225	24	Gebogenes Gleis, 15 Grad, R4 = 329 mm
Ro22201	23	Gerades Flexgleis, Länge 730 mm
Ro22228	20	Gebogenes Gleis, 12 Grad, R7 = 765 mm
Ro22205	19	Gerades Gleis, Länge 50 mm
Ro22204	15	Gerades Gleis, Länge 54.2 mm
Ro22263	13	Elektroweiche rechts, 15 Grad
Ro22216	13	Prellbock
Ro22232	8	Gebogenes Gleis, 6 Grad, R1 = 194.6 mm
Ro22221	7	Gebogenes Gleis, 30 Grad, R1 = 194.6 mm
Ro22206	6	Gerades Gleis, Länge 33.6 mm

Stückliste

Gleisbezeichnung	Anzahl	Gleistyp
Ro22261	6	Elektroweiche links, 15 Grad
Ro22231	5	Gebogenes Gleis, 24 Grad, R1 = 194.6 mm
Ro22234	5	Gebogenes Gleis, 6 Grad, R2 = 228.2 mm
Ro22224	4	Gebogenes Gleis, 30 Grad, R3a = 295.4 mm
Ro22235	4	Gebogenes Gleis, 15 Grad, R3a = 295.4 mm
Ro22207	4	Gerades Gleis, Länge 17.2 mm
Ro22223	2	Gebogenes Gleis, 30 Grad, R3 = 261.8 mm
Ro22251	2	Elektroweiche rechts, 24 Grad
Ro22233	1	Gebogenes Gleis, 24 Grad, R2 = 228.2 mm
Ro22275	1	Bogenweiche R1-R2 rechts
Ro22279	1	Unterflur-Bogenweiche R1-R2 rechts
Ro22247	1	Elektro-Dreiwegweiche, 15 Grad
Ro22246	1	Elektro-Kreuzungsweiche, 15 Grad
Ro22245	1	Kreuzung, 15 Grad
Ro10030	1	Unterflurweichenantrieb
Ro22200	14	Flexgleis (14.3 cm)
Ro22200	5	Flexgleis (10.8 cm)
Ro22200	5	Flexgleis (11.2 cm)
Ro22200	5	Flexgleis (11.2 cm)
Ro22200	2	Flexgleis (17.4 cm)
Ro22200	1	Flexgleis (23.9 cm)
Ro22200	1	Flexgleis (12.1 cm)

Abb. 3.69 – Bei der Modellbahn nach Gleisplan 41 können Sie die Landschaft facettenreich gestalten.

Plan 42: Große H0-Spielbahn mit viel Rangierbetrieb

Diese große H0-Bahnanlage ist in zwei Ebenen aufgebaut und erlaubt mit Schiebebühne und Drehscheibe einen umfangreichen Rangierbetrieb. Sie können zahlreiche Wagen von Fabrik-Anschlussgleisen abholen und zu Güterzügen zusammenstellen. Über eine zweigleisige Hauptstrecke können Züge außerdem über mehrere Routen im Kreis fahren. Eine dritte, ebenfalls kreisförmige Gleisanlage ist meist erhöht ausgeführt und quert den Bahnbetriebsbereich. Um Höhe zu gewinnen, ist eine sichtbare, nicht symmetrische Gleiswendel integriert. In unmittelbarer Nähe sind Gleise verlegt, die die Gleiswendel teilweise sogar queren. Obwohl diese Modellbahn auf den ersten Blick etwas vollgepfercht wirkt, bleibt genug Platz, um größere Gebäude aufzustellen. Der Bahnhof verläuft diagonal durch die Anlage und ist dreigleisig ausgeführt, wird allerdings meist vom Bahnbetriebsgeschehen optisch dominiert.

Diesen Gleisplan kann man meist nur in einem großen Kellerraum oder auf dem Dachboden aufbauen. Möchten Sie Platz sparen, kommt für diese Bahn, neben der N-Spur, auch die kompaktere Spurweite TT infrage.

Anlagen-Daten

Spurweite: H0
Gleistyp: RocoLine ohne Bettung H0-Gleis
System: Zweileiter Gleichstrom
Bodenplatte in L-Form: a = 360 cm
b = 580 cm
c = 200 cm
d = 430 cm
Gleislänge: 85,5 m

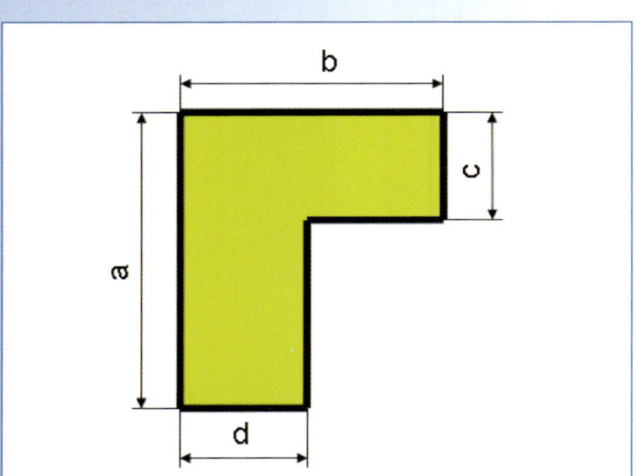

Abb. 3.70 – Schema der l-förmigen Grundplatte.

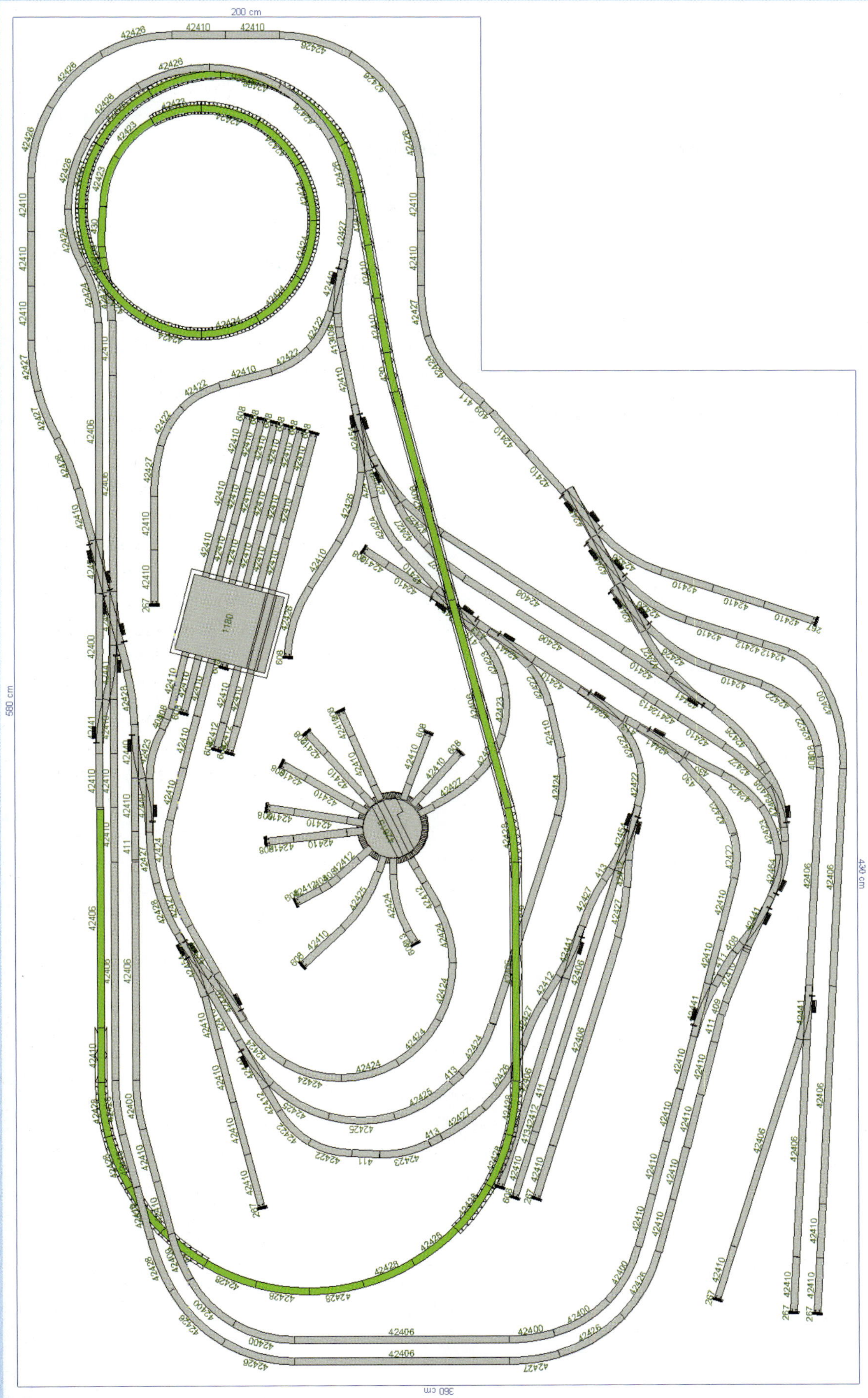

Abb. 3.71 – Gleisplan 42

Stückliste

Gleisbezeichnung	Anzahl	Gleistyp
Ro42410	96	Gerade G1, Länge 230 mm
Ro40293	36	Unterflur-Laternensatz
Ro10030	36	Unterflurweichenantrieb
Ro42426	27	Gebogenes Gleis R6, Radius = 604.4 mm / 30 Grad
Ro42608	23	Prellbock
Ro42406	21	Gerade G4, Länge 920 mm
Ro42424	21	Gebogenes Gleis R4, Radius = 481.2 mm / 30 Grad
Ro42427	20	Gebogenes Gleis R9, Radius = 826.4 mm / 15 Grad
Ro42412	20	Gerade G1/2, Länge 115 mm
Ro42428	18	Gebogenes Gleis R10, Radius = 888 mm / 15 Grad
Ro42413	12	Gerade G1/4, Länge 57.5 mm
Ro42422	12	Gebogenes Gleis R2, Radius = 358 mm / 30 Grad
Ro42408	12	Gebogenes Gleis R2, 1/4 Radius = 358 mm / 7.5 Grad
Ro42616:4	12	Auffahrgleis für Drehscheibe
Ro42423	11	Gebogenes Gleis R3, Radius = 419.6 mm / 30 Grad
Ro42441	10	Weiche rechts, Radius 873.5 mm, 15 Grad
Ro42267	8	Prellbock (Bausatz)
Ro42425	7	Gebogenes Gleis R5, Radius = 542.8 mm / 30 Grad
Ro42411	6	Diagonalgerade DG1, Länge 119 mm
Ro42440	6	Weiche links, Radius 873.5 mm, 15 Grad
Ro42451	6	Doppel-Kreuzungsweiche 15 Grad
Ro42430	4	Gebogenes Gleis R20, Radius = 1962 mm / 5 Grad
RoD12	4	Distanzstück zum Diagonaleinbau, Länge 12 mm
Ro42409	3	Gebogenes Gleis R3, 1/4 Radius = 419.6 mm / 7.5 Grad
Ro42454	3	Dreiwegweiche 15 Grad
RoD8	3	Distanzstück zum Diagonaleinbau, Länge 8 mm
Ro42464	2	Kurvenweiche links R2/R3
Ro42615	1	Drehscheibe elektrisch, Länge 253 mm
Br1180	1	BRAWA Schiebebühne
Ro42400	4	Flexgleis (26.9 cm)
Ro42400	2	Flexgleis (20.9 cm)
Ro42400	1	Flexgleis (58.5 cm)
Ro42400	1	Flexgleis (44.9 cm)
Ro42400	1	Flexgleis (19.3 cm)

221 137-3
DB

Plan 43: Vierspuriger Fahrbetrieb auf vielen Ebenen

Mit dieser vierspurigen Modellbahn können Sie Züge auf vielen Ebenen fahren lassen und rangieren. Die zweigleisige schnellzugtaugliche Hauptstrecke ist gemeinsam mit dem Hauptbahnhof erhöht. Auf der Ebene der Grundplatte liegen nur ein Teil der beiden Nebenstrecken sowie deren Bahnhof. Die Nebenstrecken sind auch für den Gütertransport bestimmt und haben deshalb Abstell- und Firmen-Anschlussgleise. Im linken Teil der Anlage ist ein Gebirgsmassiv untergebracht, über das sich die Eisenbahnlinien in drei Ebenen schlängeln und eine steile Schlucht mit Brücken überqueren. Damit die Bergstrecke die erforderliche Höhe erreicht, ist in einem der Berge eine Steilrampe als Gleiswendel mit rund zweieinhalb Kreisen aufgebaut. Nachdem der Zug auf der Ebene der Grundplatte in einen Tunnel eingefahren ist, erblickt er erst wieder im „Hochgebirge" das Tageslicht. Dort sind mehrere Abstellgleise verlegt und ein kleiner Kopfbahnhof aufgebaut. Über ein Nebengleis, das ebenfalls meist unsichtbar im Berg verläuft, geht es wieder bergab. Schließlich können Loks über zwei Eingänge eine unterirdische Ebene ansteuern, die drei große Abstellbereiche für Waggons und Lokomotiven bereithält. Über diese Tiefebene können Sie außerdem Züge unbemerkt von einem Streckenverlauf zum anderen umleiten.

Die große Herausforderung dieser Anlage besteht darin, viele Ebenen und Rampen zu bauen, auf denen später die Züge verkehren sollen. Aber auch der Fahrbetrieb erfordert Kompetenz, da auf der vierspurigen Strecke deutlich mehr als vier Züge fahren können.

Anlagen-Daten

Spurweite: H0
Gleistyp: RocoLine-Gleis ohne Bettung H0
System: Zweileiter Gleichstrom
Bodenplatte in U-Form: a = 400 cm
b = 600 cm
c = 350 cm
d = 180 cm
e = 170 cm
f = 170 cm
Gleislänge: 213,6 m

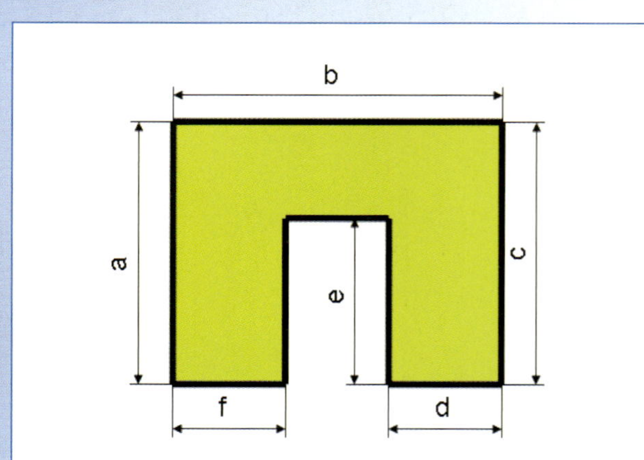

Abb. 3.72 – Schema der U-förmigen Grundplatte.

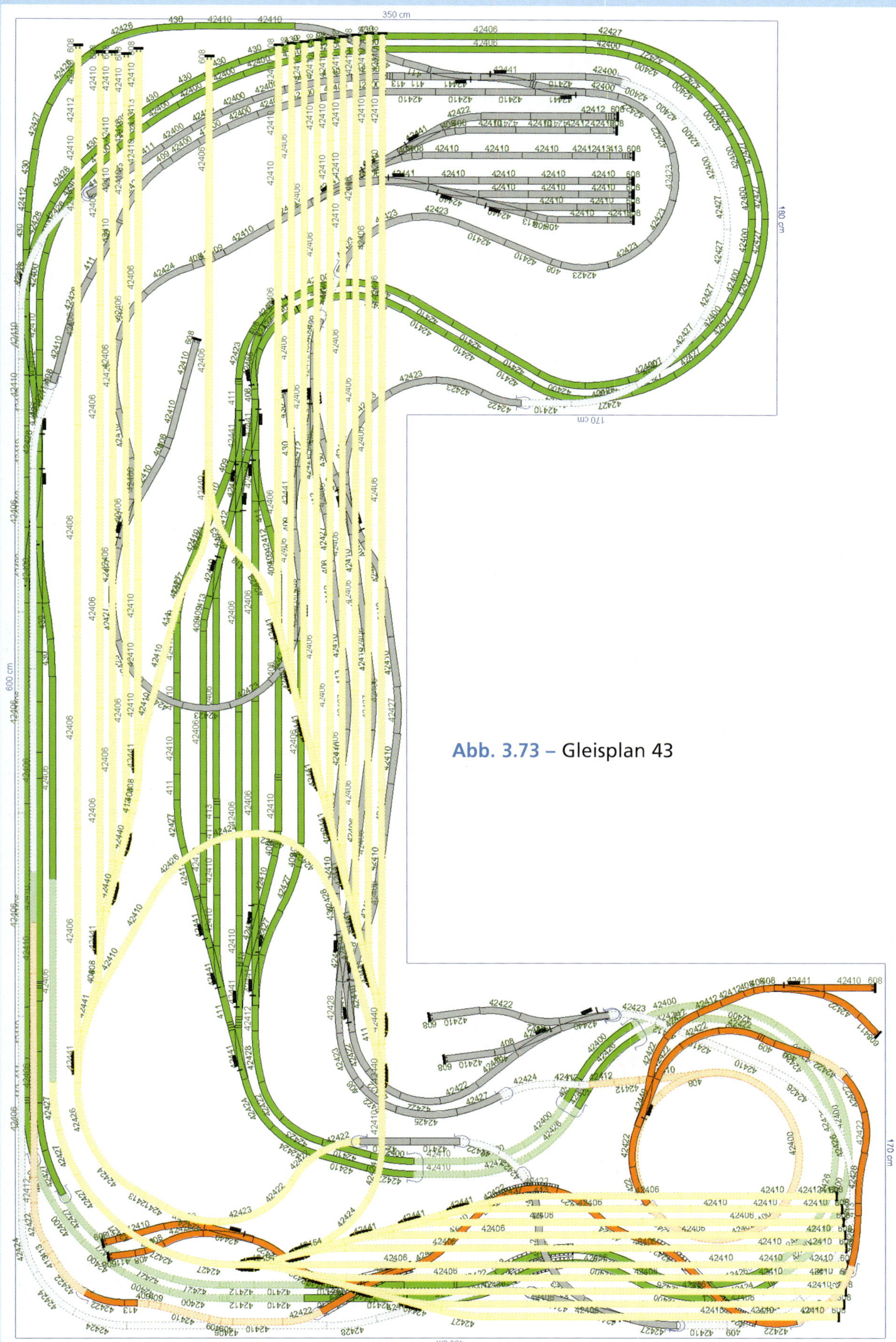

Abb. 3.73 – Gleisplan 43

Stückliste

Gleisbezeichnung	Anzahl	Gleistyp
Ro42410	169	Gerade G1, Länge 230 mm
Ro42406	88	Gerade G4, Länge 920 mm
RoD12	54	Distanzstück zum Diagonaleinbau, Länge 12 mm
Ro42422	52	Gebogenes Gleis R2, Radius = 358 mm / 30 Grad
Ro42427	49	Gebogenes Gleis R9, Radius = 826.4 mm / 15 Grad
Ro10030	47	Unterflurweichenantrieb
Ro40293	47	Unterflur-Laternensatz
Ro42608	40	Prellbock
Ro42441	36	Weiche rechts, Radius 873.5 mm, 15 Grad
Ro42408	34	Bogen R2, 1/4 Radius = 358 mm / 7.5 Grad
Ro42413	30	Gerade G, 1/4 Länge 57.5 mm
Ro42412	28	Gerade G, 1/2 Länge 115 mm
Ro42426	28	Gebogenes Gleis R6, Radius = 604.4 mm / 30 Grad
Ro42409	27	Gebogenes Gleis R3, 1/4 Radius = 419.6 mm / 7.5 Grad
Tunnel	27	Tunnelportal eingleisig
Ro42423	26	Gebogenes Gleis R3, Radius = 419.6 mm / 30 Grad
Ro42430	21	Gebogenes Gleis R20, Radius = 1962 mm / 5 Grad
Ro42424	20	Gebogenes Gleis R4, Radius = 481.2 mm / 30 Grad
Ro40296	18	Elektroweichenantrieb rechts
Ro42440	17	Weiche links, Radius 873.5 mm, 15 Grad
Ro42411	16	Diagonalgerade DG1, Länge 119 mm
Ro42400	13	Flexgleis (20.1 cm)
Ro42428	11	Gebogenes Gleis R10, Radius = 888 mm / 15 Grad
Ro42400	9	Flexgleis (16.6 cm)
Ro40295	8	Elektroweichenantrieb links
Ro42400	8	Flexgleis (34.8 cm)
Ro42400	7	Flexgleis (15.5 cm)
Ro42400	7	Flexgleis (14.9 cm)
Ro42400	6	Flexgleis (23.2 cm)
Ro42400	5	Flexgleis (16.9 cm)
Ro42400	4	Flexgleis (28.5 cm)
Ro42451	4	Doppel-Kreuzungsweiche, 15 Grad

Stückliste		
Gleisbezeichnung	**Anzahl**	**Gleistyp**
RoD4	4	Distanzstück zum Diagonaleinbau, Länge 4 mm
RoD8	4	Distanzstück zum Diagonaleinbau, Länge 8 mm
Tunnel	4	Tunnelportal zweigleisig
Ro42400	3	Flexgleis (21.7 cm)
Ro42454	3	Dreiwegweiche, 15 Grad
Ro42488	3	Weiche links, Radius 1946 mm, 10 Grad
Ro42425	2	Gebogenes Gleis R5, Radius = 542.8 mm / 30 Grad
Ro42489	2	Weiche rechts, Radius 1946 mm / 10 Grad
Ro42400	2	Flexgleis (28.3 cm)
Ro42400	2	Flexgleis (228.8 cm = 2 x 98 cm + 32.6 cm)
Ro42464	1	Bogenweiche links R2/R3
Ro42465	1	Bogenweiche rechts R2/R3
Ro42400	1	Flexgleis (22.1 cm)
Ro42400	1	Flexgleis (15.0 cm)
Ro42400	1	Flexgleis (21.9 cm)
Ro42400	1	Flexgleis (162.5 cm = 1 x 98 cm + 64.4 cm)

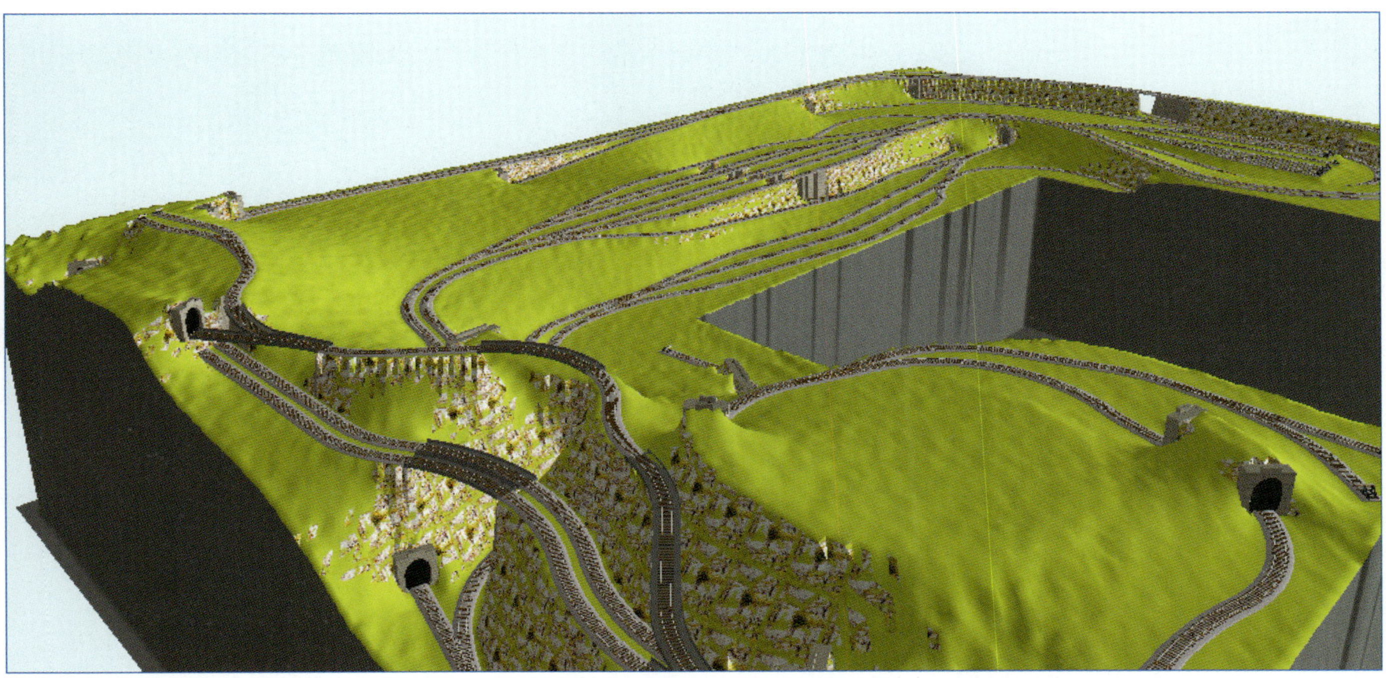

Abb. 3.74 – 3-D-Ansicht der vierspurigen Bahn mit großem Gebirgsmassiv und erhöht liegendem Hauptbahnhof.

Plan 44: N-Modellbahn für Rangierfans

Mit der N-Modellbahn nach Gleisplan 44 können Sie Züge auf einer zweigleisigen Strecke fahren lassen und viel rangieren. Zum großen Bahnbetriebsbereich gehören innerhalb des Gleisovals eine Drehscheibe mit Lokschuppen und zahlreiche lange Abstellgleise, die auch als Firmenanschlüsse infrage kommen. Die Lokomotiven erreichen den Rangierbereich über einen zweigleisigen Anschluss von der Hauptstrecke und über ein Gleis vom Bahnhof. Das garantiert einen umfangreichen Spielbetrieb, an dem auch mehrere Personen teilnehmen können. Da bei dieser Modellbahn der Zugverkehr und das Rangieren im Vordergrund stehen, bleibt nur wenig Platz, um die Landschaft zu gestalten. Die Gebäude konzentrieren sich deshalb auf den Bahnhofs- und Bahnbetriebs-Bereich und kleinere Firmenkomplexe. Dörfer sind nicht eingeplant. Um die Anlage weiter aufzuwerten, können Sie einen Teil der Hauptstrecke erhöhen und durch Tunnel führen.

Anlagen-Daten

Spurweite: N
Gleistyp: Fleischmann Piccolo-Gleis
System: Zweileiter Gleichstrom
Bodenplatte: 370 cm x 130 cm
Gleislänge: 49,2 m

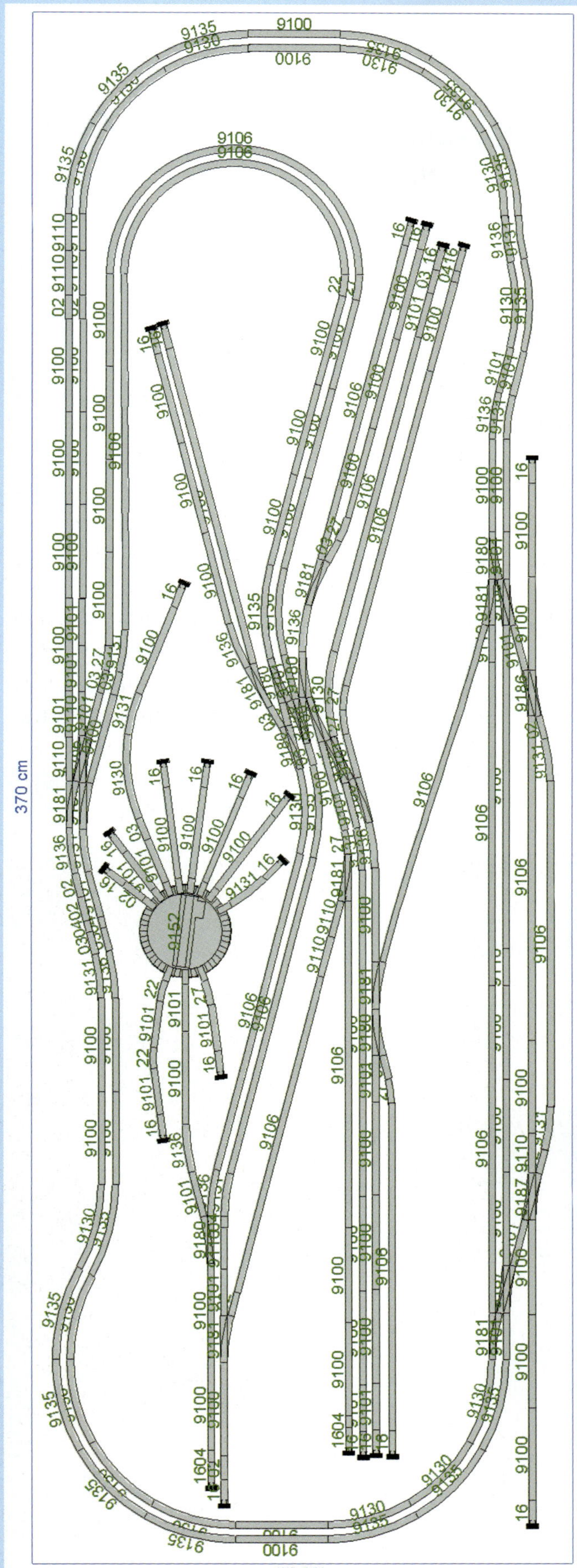

Abb. 3.75 – Gleisplan 44

Stückliste		
Gleisbezeichnung	**Anzahl**	**Gleistyp**
Fl9100	62	Gerades Gleis, Länge 222 mm
Fl9101	26	Gerades Gleis, Länge 111 mm
Fl9116	24	Prellbockgleis
Fl9130	19	Gebogenes Gleis, 30 Grad, Radius 396.4 mm
Fl9106	19	Flexibles Gleis, Länge 777 mm
Fl9135	17	Gebogenes Gleis, 30 Grad, Radius 430 mm
Fl9131	11	Gebogenes Gleis, 15 Grad, Radius 396.4 mm
Fl9102	10	Gerades Gleis, Länge 57.5 mm
Fl9103	10	Gerades Gleis, Länge 55.5 mm
Fl9153:3	10	Auffahrgleis für Drehscheibe 9152
Fl9136	9	Gebogenes Gleis, 15 Grad, Radius 430 mm
Fl9181	9	Elektrische Normalweiche rechts
Fl9127	8	Gebogenes Gleis, 15 Grad, Radius 225.6 mm
Fl9180	8	Elektrische Normalweiche links
Fl9104	6	Gerades Gleis, Länge 27.75 mm
Fl9110	5	Ausgleichsgleis gerade, Länge 88 mm
Fl9110	3	Ausgleichsgleis gerade, Länge 105 mm
Fl9122	3	Gebogenes Gleis, 15 Grad, Radius 192 mm
Fl9186	3	Doppelte Linkskreuzungsweiche elektrisch
Fl9187	3	Doppelte Rechtskreuzungsweiche
Fl9110	2	Ausgleichsgleis gerade, Länge 97 mm

Stückliste		
Gleisbezeichnung	**Anzahl**	**Gleistyp**
FI9158	1	Dreiwegweiche elektrisch
FI9110	1	Ausgleichsgleis gerade, Länge 94 mm
FI9110	1	Ausgleichsgleis gerade, Länge 108 mm
FI9152	1	Drehscheibe elektrisch, Länge 183 mm
FI9106	1	Flexgleis (16.5 cm)
FI9106	1	Flexgleis (5.9 cm)
FI9106	1	Flexgleis (7.1 cm)
FI9106	1	Flexgleis (6.9 cm)

Plan 45: Universelle TT-Eisenbahn für Vater und Sohn

Diese Modellbahn der Spurweite TT besitzt bei einer Tiefe von nur rund 90 cm zwei ineinander liegende Gleisovale und großzügig verteilte Firmen-Anschlussgleise. Die Abstellgleise sind mit großem Abstand zueinander verlegt und ermöglichen es so, drei kleine bis mittelgroße Firmenkomplexe unterzubringen. Da Loks die Abstellgleise vom inneren Gleisoval anfahren, können zwei Personen unterschiedliche Züge steuern. Während beispielsweise der Sohn mit seinem Schnellzug das äußere Gleisoval befährt, kann der Vater im Zentrum der Anlage rangieren. Durch den viergleisigen Bahnhof können beide Spieler außerdem Züge tauschen und neu zusammenzustellen. Im Gegensatz zu vielen anderen Gleisplänen kommt diese Modellbahn auch für die analoge Steuerung infrage. Sie können separate Stromkreise für den inneren und äußeren Schienenkreis sowie die mittigen Abstellgleise verlegen. Mit digitaler Steuerung haben Sie selbstverständlich auch bei dieser Modellbahn die Nase vorn. Man kann damit alle Züge über die gesamte Gleisanlage fahren lassen, ohne, dass sich die Züge von Vater und Sohn in die Quere kommen.

Stückliste

Gleisbezeichnung	Anzahl	Gleistyp
Ti83101	30	Gleis gerade G1, Länge 166 mm
Ti86110	20	Motorischer Weichenantrieb (Unterflur)
Ti83109	14	Gleis gebogen R11, R310 / 30 Grad
Ti83102	10	Gleis gerade G2, Länge 83 mm
Ti83106	9	Gleis gebogen R21, R353 / 30 Grad
Ti83104	8	Gleis gerade G5, Länge 36.5 mm
Ti83100	8	Gleis mit Prellbock
Ti83322	7	Weiche links R353 / 15 Grad
Ti83125	7	Gerades Flexgleis, Länge 664 mm
Ti83116	7	Gleis gebogen R01, R267 / 30 Grad
Ti83112	5	Gleis gebogen R32, R396 / 15 Grad
Ti83111	4	Gleis gebogen R31, R396 / 30 Grad
Ti83110	3	Gleis gebogen R12, R310 / 15 Grad
Ti83321	3	Weiche rechts R353 / 15 Grad
Ti83210	2	Doppelte Gleisverbindung
Ti83300	1	Doppelte Kreuzungsweiche
Ti83107	1	Gleis gebogen R22, R353 / 15 Grad

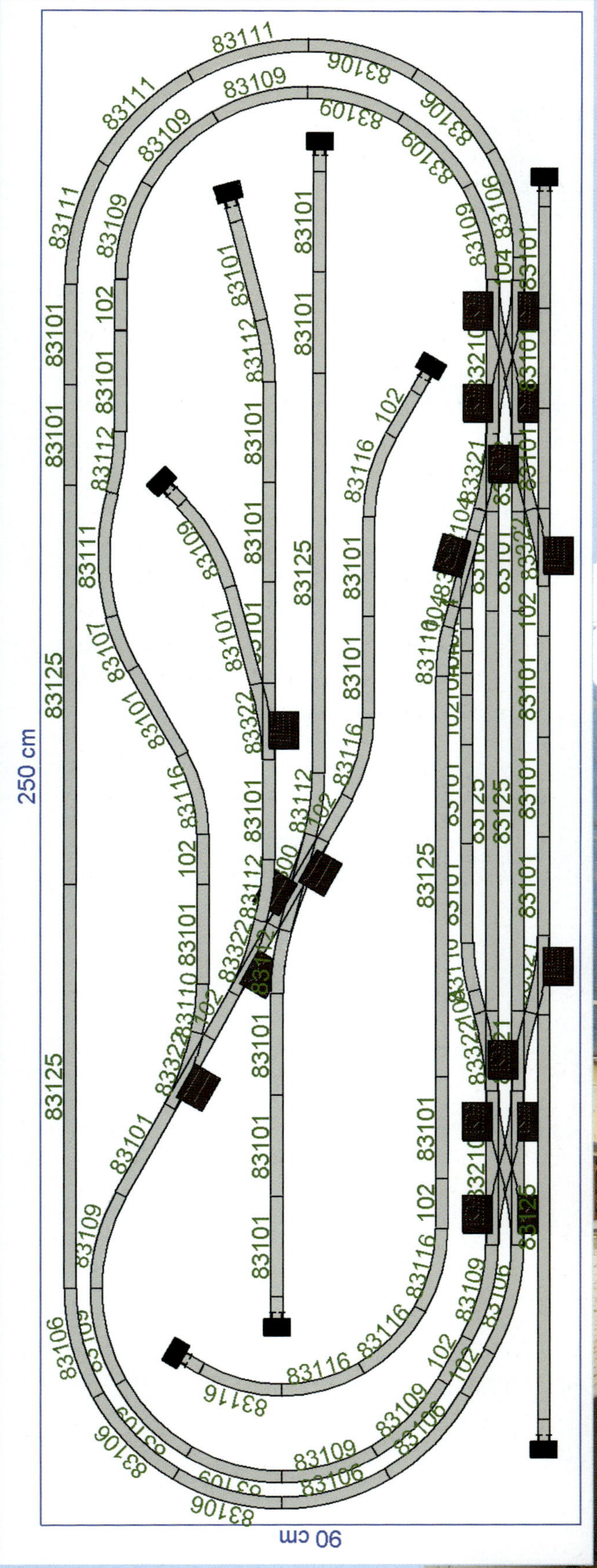

Abb. 3.76 – Gleisplan 45

Anlagen-Daten
Spurweite: TT
Gleistyp: Tillig/Pilz TT-Modell-Gleis
System: Zweileiter Gleichstrom
Bodenplatte: 250 cm x 90 cm
Gleislänge: 19,7 m

Abb. 3.77 – TT-Modellbahn nach Gleisplan 45 dreidimensional dargestellt.

Abb. 3.78 – Sie können die Anlage mit Bahnbetriebs- und Firmen-Gebäuden ausschmücken.

Bildnachweis

Imago
6, 7, 8, 9, 14, 26, 35, 37, 45, 47, 147, 158, 159, 160, 124 oben, 136 unten, 138, 42 unten, 43, 61, 63, 66, 67, 108, 72 oben, 83, 99 rechts

ÖBB / CI&M Robert Deopito
Seite: 75, 115

Sonja Franz
Seite: 39 rechts, 45 rechts, 139,

Restliche Bilder
der Autor